◆ 园林工程管理**必读书系**

园林工程资料编制从入门到精通

YUANLIN GONGCHENG
ZILIAO BIANZHI
CONG RUMEN DAO JINGTONG

宁平 主编

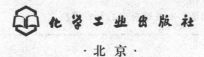

·北京·

本书详细介绍园林工程基建文件、施工管理资料、监理资料以及安全资料的编制方法。主要内容包括园林工程基建文件、园林工程监理资料、园林工程施工管理资料、园林土建工程资料、园林给排水工程资料、园林电气工程资料、园林工程施工验收资料、园林工程资料归档与管理等。

本书语言通俗易懂，体例清晰，具有很强的实用性和可操作性，可供园林工程资料编制与管理人员、园林工程施工现场管理及监理人员参考使用，也可供高等学校园林工程等相关专业师生学习使用。

图书在版编目（CIP）数据

园林工程资料编制从入门到精通/宁平主编．—北京：化学工业出版社，2017.7（2024.10重印）
（园林工程管理必读书系）
ISBN 978-7-122-29596-5

Ⅰ.①园… Ⅱ.①宁… Ⅲ.①园林-工程施工-资料-编制 Ⅳ.①TU986.3

中国版本图书馆 CIP 数据核字（2017）第 096145 号

责任编辑：董　琳　　　　　　　　　　文字编辑：吴开亮
责任校对：王素琴　　　　　　　　　　装帧设计：韩　飞

出版发行：化学工业出版社（北京市东城区青年湖南街 13 号　邮政编码 100011）
印　　装：北京盛通数码印刷有限公司
787mm×1092mm　1/16　印张 12¼　字数 267 千字　2024 年 10 月北京第 1 版第 12 次印刷

购书咨询：010-64518888　　　　　　　售后服务：010-64518899
网　　址：http://www.cip.com.cn
凡购买本书，如有缺损质量问题，本社销售中心负责调换。

定　价：58.00 元　　　　　　　　　　　　　　　　　　　版权所有　违者必究

编写人员

主　　编　　宁　平
副 主 编　　陈远吉　李　娜　李伟琳
编写人员　　宁　平　陈远吉　李　娜　李伟琳
　　　　　　张　野　张晓雯　吴燕茹　闫丽华
　　　　　　马巧娜　冯　斐　王　勇　陈桂香
　　　　　　宁荣荣　陈文娟　孙艳鹏　赵雅雯
　　　　　　高　微　王　鑫　廉红梅　李相兰

前言

随着国民经济的飞速发展和生活水平的逐步提高，人们的健康意识和环保意识也逐步增强，大大加快了改善城市环境、家居环境以及工作环境的步伐。园林作为城市发展的象征，最能反映当前社会的环境需求和精神文化的需求，也是城市发展的重要基础。高水平、高质量的园林工程是人们高质量生活和工作的基础。通过植树造林、栽花种草，再经过一定的艺术加工所产生的园林景观，完整地构建了城市的园林绿地系统。丰富多彩的树木花草，以及各式各样的园林小品，为我们创造出典雅舒适、清新优美的生活、工作和学习的环境，最大限度地满足了人们对现代生活的审美需求。

在国民经济协调、健康、快速发展的今天，园林建设也迎来了百花盛开的春天。园林科学是一门集建筑、生物、社会、历史、环境等于一体的学科，这就需要一大批懂技术、懂设计的专业人才，来提高园林景观建设队伍的技术和管理水平，更好地满足城市建设以及高质量地完成景观项目的需要。

基于此，我们特组织一批长期从事园林景观工作的专家学者，并走访了大量的园林施工现场以及相关的园林管理单位，经过了长期精心的准备，编写了这套丛书。

与市面上已出版的同类图书相比，本套丛书具有如下特点。

（1）本套丛书在内容上将理论与实践结合起来，力争做到理论精练、实践突出，满足广大园林景观建设工作者的实际需求，帮助他们更快、更好地领会相关技术的要点，并在实际的工作过程中能更好地发挥建设者的主观能动性，不断提高技术水平，更好地完成园林景观建设任务。

（2）本套丛书所涵盖的内容全面、清晰，真正做到了内容的广泛性与结构的系统性相结合，让复杂的内容变得条理清晰、主次明确，有助于广大读者更好地理解与应用。

（3）本套丛书图文并茂，内容翔实易懂，注重对园林景观工作人员管理水平和专业技术知识的培训，文字表达通俗易懂，适合现场管理人员、技术人员随查随用，满足广大园林景观建设工作者对园林相关方面知识的需求。

本套丛书可供园林景观设计人员、施工技术人员、管理人员使用，也可供高等院校风景园林等相关专业的师生使用。本套丛书在编写时参考或引用了部分单位、专家学者的资料，并且得到了许多业内人士的大力支持，在此表示衷心的感谢。限于编者水平有限和时间紧迫，书中疏漏及不当之处在所难免，敬请广大读者批评指正。

丛书编委会
2017 年 1 月

目 录

第一章 园林工程基建文件 ... 1

第一节 基建文件管理流程与内容 ... 1
一、基建文件管理流程 ... 1
二、基建文件的内容 ... 1

第二节 园林工程招投标文件 ... 5
一、招标文件 ... 5
二、投标文件 ... 6
三、工程合同书与服务协议 ... 6

第三节 园林工程竣工备案文件 ... 7
一、竣工验收工作流程 ... 7
二、竣工验收文件提交 ... 7
三、竣工验收文件备案 ... 8

第二章 园林工程监理资料 ... 9

第一节 园林工程监理管理资料 ... 9
一、监理规划 ... 9
二、监理实施细则 ... 10
三、监理会议纪要 ... 10
四、监理日志 ... 12
五、监理工作总结 ... 12

第二节 园林工程监理工作记录 ... 13
一、监理资料管理规定 ... 13
二、监理工作常用表格 ... 13

第三节 监理工程竣工验收及其他资料 ... 33
一、监理工程竣工资料 ... 33
二、其他资料 ... 35

第三章 园林工程施工管理资料 ... 37

第一节 园林工程施工管理资料编制要求 ... 37

一、工程概况表 ……………………………………………………… 37
　　二、施工现场质量管理检查记录 …………………………………… 37
　　三、施工日志 ………………………………………………………… 38
　　四、工程质量事故资料 ……………………………………………… 38
第二节　园林工程施工管理资料常用表格 ……………………………… 39
　　一、工程概况表 ……………………………………………………… 39
　　二、施工现场质量管理检查记录 …………………………………… 40
　　三、施工日志 ………………………………………………………… 41
　　四、工程质量事故资料 ……………………………………………… 41

第四章　园林土建工程资料 ……………………………………………… 43

第一节　园林工程施工技术资料 ………………………………………… 43
　　一、施工组织设计 …………………………………………………… 43
　　二、图纸会审记录 …………………………………………………… 43
　　三、设计交底记录 …………………………………………………… 44
　　四、技术交底记录 …………………………………………………… 44
　　五、工程洽商记录 …………………………………………………… 46
　　六、工程设计变更通知单 …………………………………………… 46
　　七、安全交底记录 …………………………………………………… 47
第二节　园林工程测量记录 ……………………………………………… 48
　　一、园林工程测量记录内容及要求 ………………………………… 48
　　二、园林工程测量记录常用表格 …………………………………… 48
第三节　园林土建工程物资资料 ………………………………………… 48
　　一、园林土建工程物资资料内容和要求 …………………………… 48
　　二、园林土建工程物资资料 ………………………………………… 49
第四节　园林土建工程施工记录 ………………………………………… 68
　　一、工程施工通用记录 ……………………………………………… 68
　　二、园林建筑及附属设施施工记录 ………………………………… 72
第五节　园林建筑及附属设备施工试验记录 …………………………… 81
　　一、基础施工试验记录 ……………………………………………… 81
　　二、钢筋施工试验记录 ……………………………………………… 83
　　三、砂浆施工试验记录 ……………………………………………… 86
　　四、混凝土施工试验记录 …………………………………………… 88
　　五、饰面砖黏结强度试验报告 ……………………………………… 91
　　六、钢结构施工试验记录 …………………………………………… 93

第五章　园林给排水工程资料 …………………………………………… 95

第一节　园林给水排水工程施工物资资料 ……………………………… 95

一、设备开箱检查记录 …………………………………………… 95
　　二、设备及管道附件试验记录 …………………………………… 96
第二节　园林给水排水工程施工记录 …………………………………… 97
　　一、园林给水排水工程施工记录内容和要求 …………………… 97
　　二、园林给水排水工程施工记录常用表格 ……………………… 97
第三节　园林给水排水工程施工试验记录 ……………………………… 98
　　一、施工试验记录（通用）……………………………………… 98
　　二、设备单机试运转记录 ………………………………………… 99
　　三、系统试运转调试记录 ………………………………………… 100
　　四、灌（满）水试验记录 ………………………………………… 100
　　五、强度严密性试验记录 ………………………………………… 102
　　六、通水试验记录 ………………………………………………… 104
　　七、吹（冲）洗（脱脂）试验记录 ……………………………… 105
　　八、通球试验记录 ………………………………………………… 106

第六章　园林电气工程资料　107

第一节　园林用电施工记录 ……………………………………………… 107
　　一、电缆敷设检查记录 …………………………………………… 107
　　二、电气照明装置安装检查记录 ………………………………… 108
　　三、电线（缆）钢导管安装检查记录 …………………………… 108
　　四、成套开关柜（盘）安装检查记录 …………………………… 109
　　五、盘、柜安装及二次接线检查记录 …………………………… 109
　　六、避雷装置安装检查记录 ……………………………………… 109
　　七、电机安装检查记录 …………………………………………… 111
　　八、电缆头（中间接头）制作记录 ……………………………… 111
　　九、供水设备供电系统调试记录 ………………………………… 112
第二节　园林用电施工记录 ……………………………………………… 113
　　一、电气接地电阻测试记录 ……………………………………… 113
　　二、电气接地装置隐检与平面示意图表 ………………………… 114
　　三、电气绝缘电阻测试记录 ……………………………………… 115
　　四、电气器具通电安全检查记录 ………………………………… 116
　　五、电气设备空载试运行记录 …………………………………… 117
　　六、建筑物照明通电试运行记录 ………………………………… 118
　　七、大型照明灯具承载试验记录 ………………………………… 120
　　八、漏电开关模拟试验记录 ……………………………………… 120
　　九、大容量电气线路结点测温记录 ……………………………… 121
　　十、避雷带支架拉力测试记录 …………………………………… 122

第七章 园林工程施工验收资料 ... 124

第一节 园林检验批质量验收记录 ... 124
一、填写要求 ... 124
二、验收记录填写 ... 125

第二节 园林分项工程质量验收记录 ... 153
一、验收资料管理流程 ... 153
二、质量验收记录填写 ... 153

第三节 园林分部工程质量验收记录 ... 155
一、验收资料管理流程 ... 155
二、质量验收记录填写 ... 155

第四节 园林单位工程质量验收记录 ... 158
一、验收资料管理流程 ... 158
二、质量验收记录填写 ... 159

第五节 园林工程竣工验收资料 ... 167
一、工程竣工验收依据 ... 167
二、工程竣工验收资料 ... 167
三、工程竣工验收移交 ... 168

第八章 园林工程资料归档与管理 ... 169

第一节 工程资料案卷构成 ... 169
一、工程资料案卷封面 ... 169
二、工程资料案卷目录及备考表 ... 170
三、城市建设档案资料案卷实例 ... 172
四、工程资料案卷规格与装订 ... 174

第二节 工程竣工图编制 ... 175
一、竣工图类型 ... 175
二、竣工图绘制要求 ... 175
三、竣工图绘制 ... 175
四、竣工图章或图签 ... 178

第三节 工程资料归档管理 ... 179
一、工程资料文件质量要求 ... 179
二、工程资料移交 ... 180
三、工程资料立卷 ... 183
四、工程资料归档 ... 183

参考文献 ... 185

第一章 园林工程基建文件

第一节 基建文件管理流程与内容

一、基建文件管理流程

（1）新建、扩建、改建的园林工程项目，其基建文件必须按有关行政主管部门的规定和要求进行申报、审批，并保证开、竣工手续和文件的完整、齐全。

（2）建设单位必须按照基本建设程序开展工作，配备专职或兼职档案资料管理人员，档案资料管理人员应负责及时收集基本建设程序各个环节所形成的文件原件，并按类别、形成时间进行登记、立卷、保管，待工程竣工后按规定进行移交。

（3）园林工程竣工验收应由建设单位组织勘察、设计、监理、施工等有关单位进行，并形成竣工验收文件。

（4）园林工程竣工后，建设单位应负责工程竣工备案工作。按照工程竣工备案的有关规定，提交完整的竣工备案文件，报工程竣工验收备案管理部门备案。

二、基建文件的内容

园林工程基建文件是由工程决策立项文件，建设用地、征地与拆迁文件，勘察、测绘与设计文件，工程招投标与承包合同文件，工程开工文件，商务文件，工程竣工备案文件和其他文件组成，其内容和要求如下。

1. 工程决策立项文件

（1）投资项目建议书　由建设单位编制并申报。

（2）项目建议书的批复文件　由建设单位的上级部门或国家有关主管部门批复。

（3）环境影响审批报告书　由环保部门审批形成。

（4）可行性研究报告　由建设单位委托有资质的工程咨询单位编制。

（5）可行性报告的批复文件　国家投资的大中型项目由国家发展与改革委员会或由

国家发展与改革委员会委托的有关单位审批；小型项目分别由行业或国家有关主管部门审批；建设资金自筹的企业大中型项目由地方发展与改革委员会备案，报国家及有关部门备案。

(6) 关于立项的会议纪要、领导批示 由建设单位或其上级主管单位组织的会议记录。

(7) 专家对项目的有关建议文件 由建设单位组织形成。

(8) 项目评估研究资料 由建设单位组织形成。

(9) 计划部门批准的立项文件 由国家发展与改革委员会或地方发展与改革委员会批准形成。

2. 建设用地、征地与拆迁文件

(1) 土地使用报告预审文件、国有土地使用证 由国有土地管理部门办理。

(2) 拆迁安置意见及批复文件 由政府有关部门批准形成。

(3) 规划意见书及附图 由规划部门审查形成。

(4) 建设用地规划许可证、附件及附图 由规划部门办理。

(5) 其他文件 掘路占路审批文件、移伐树审批文件、工程项目统计登记文件、人防备案施工图文件、非政府投资项目备案许可等由政府有关部门办理形成。

3. 勘察、测绘与设计文件

(1) 工程地质勘察报告 由建设单位委托勘察单位勘察形成。

(2) 水文地质勘察报告 由建设单位委托勘察单位勘察形成。

(3) 测量交线、交桩通知书 由规划部门审批形成。

(4) 验收合格文件（验线） 由规划部门审批形成。

(5) 审定设计批复文件及附图 由规划部门审批形成。

(6) 审定设计方案通知书 此文件分别征求人防、环保、消防、技术监督、卫生防疫、交通、铁路、园林、供水、排水、供热、供电、供燃气、文物、地震、节水、节能、通信、保密、河湖、教育等有关部门意见并取得有关协议后，由规划部门负责审查重点地区、重大项目的设计方案并形成文件。

(7) 初步设计文件 由设计单位形成。

(8) 施工图设计文件 由设计单位形成。

(9) 初步设计审核文件 政府有关部门对设计单位初步设计进行审查，规划部门审查初步设计，人防部门审查人防初步设计，消防部门审查公安消防初步设计，公安交通管理部门审查停车场（库）及内外部道路设计。

(10) 对设计文件的审查意见 由建设单位委托有资格的设计、咨询单位提出审查意见并形成文件。

4. 工程招投标与承包合同文件

(1) 勘察招投标文件 由建设单位与勘察单位形成。

(2) 设计招投标文件 由建设单位与设计单位形成。

(3) 拆迁招投标文件 由建设单位与拆迁单位形成。

(4) 施工招投标文件 由建设单位与施工单位形成。

(5) 监理招投标文件 由建设单位与监理单位形成。

(6) 设备、材料招投标文件 由订货单位与供货单位形成。

(7) 勘察合同 由建设单位与勘察单位形成。

(8) 设计合同　由建设单位与设计单位形成。

(9) 拆迁合同　由建设单位与拆迁单位形成。

(10) 施工合同　由建设单位与施工单位形成。

(11) 监理合同　由建设单位与监理单位形成。

(12) 材料设备采购合同　由订货单位与供货单位形成。

5. 工程开工文件

(1) 年度施工任务批准文件　由地方建委批准形成。

(2) 修改工程施工图纸通知书　由规划部门审批形成。

(3) 园林工程规划许可证、附件及附图　由规划部门办理。

(4) 固定资产投资许可证　由政府主管部门办理。

(5) 园林工程施工许可证或开工审批手续　由建设行政主管部门办理。

(6) 工程质量监督注册登记表　由建设单位向相应的专业质量监督机构办理。

6. 商务文件

(1) 工程投资估算材料　由建设单位委托工程造价咨询单位形成。

(2) 工程设计概算　由建设单位委托工程造价咨询单位形成。

(3) 施工图预算　由建设单位委托工程造价咨询单位形成。

(4) 施工预算　由施工单位形成。

(5) 工程决算　由建设（监理）单位、施工单位编制（或由建设单位委托有资质的第三方单位编制）形成。

(6) 交付使用固定资产清单　由建设单位形成。

7. 工程竣工备案文件

(1) 建设工程竣工档案预验收意见　列入城建档案馆档案接收范围的工程，建设单位在组织竣工验收前应当提请城建档案管理机构对工程档案进行预验收，预验收合格后由城建档案管理机构出具工程档案认可文件。

建设单位在取得工程档案认可文件后，方可组织工程竣工验收；建设行政主管部门在办理工程竣工验收备案时，应当查验工程档案预验收认可文件。

(2) 工程竣工验收备案表　由建设单位在工程竣工验收合格后负责填报，并经建设行政主管机构的备案管理部门审验形成。

(3) 工程竣工验收报告　由建设单位形成。工程竣工验收报告的基本内容如下。

1) 工程概况：工程名称；工程地址；主要工程量；建设、勘察、设计、监理、施工单位名称；规划许可证号、施工许可证号、质量监督注册登记号；开工、完工日期。

2) 对勘察、设计、监理、施工单位的评价意见；合同内容执行情况。

3) 工程竣工验收时间；验收程序、内容、组织形式（单位、参加人）；验收组对工程竣工验收的意见。

4) 建设单位对工程质量的总体评价。项目负责人、单位负责人签字；单位盖公章；报告日期。

(4) 勘察、设计单位质量检查报告　由勘察、设计单位形成。质量检查报告的基本内容如下。

1) 勘察单位

① 勘察报告号。

② 地基验槽的土质与勘察报告是否相符。
③ 是否满足设计要求的承载力。
2）设计单位
① 设计文件号。
② 对设计文件（图纸、变更、洽商）是否进行检查；是否符合标准要求。
③ 工程实体与设计文件是否相符。
上述报告均应有项目负责人、单位负责人签字；单位盖公章；报告日期。

（5）规划、消防、环保、技术监督、卫生防疫等部门出具的认可文件或准许使用的文件　由各有关主管部门形成。

（6）工程质量保修书　园林绿化工程工程质量保修书应在合同特殊条款约定下，由发包方与承包方共同约定。包括以下内容。
① 工程质量保修范围和内容。
② 质量保修期。
③ 质量保修责任。
④ 保修费用。
⑤ 其他。
由发包、承包双方单位盖公章，法定代表人签字。

（7）工程使用说明书　由建设单位或施工单位提供。

8. 其他文件

（1）由建设单位采购的物资质量证明文件　按合同约定由建设单位采购的材料、构配件和设备等物资的，物资质量证明文件和报验文件由建设单位收集、整理，并按约定移交施工单位汇总。

（2）工程竣工总结（大、中型工程）　工程竣工总结由建设单位编制，是综合性的总结，简要介绍工程建设的全过程。

工程竣工总结一般应具有下列内容。

1）基本概况
① 工程立项的依据和建设目的、意义。
② 工程资金筹措、产权、管理体制。
③ 工程概况包括工程性质、类别、规模、标准、所处地理位置或桩号、工程数量、概算、预算、决算等。
④ 工程勘察、设计、监理、施工、厂站设备采购招投标情况。
⑤ 改扩建工程与原工程系统的关系。

2）设计、施工、监理情况
① 设计情况：设计单位和设计内容（设计单位全称和全部设计内容）；工程设计特点及采用新建筑材料。
② 施工情况：开工、完工日期；竣工验收日期；施工组织、技术措施等情况；施工单位相互协调情况。
③ 监理情况：监理工作组织及执行情况；监理控制。
④ 质量事故及处理情况。

3）工程质量及经验教训　工程质量鉴定意见和评价，规划、消防、环保、人防、技术监督等认可单位的意见，工程建设中的经验及教训，工程遗留问题及处理意见。

4）其他需要说明的问题

（3）工程开工前的原貌、主要施工过程、竣工新貌照片　由建设单位收集提供。

（4）工程开工、施工、竣工的录音录像资料　由建设单位收集提供。

（5）建设工程概况表　由建设单位填写，工程竣工后，建设单位向城建档案馆移交工程档案时填写。

第二节　园林工程招投标文件

一、招标文件

园林工程招标活动，可涉及勘察设计招标、监理招标和施工招标三项内容，其相应内容如下。

1. 勘察设计招标文件

① 投标邀请书。

② 投标须知。

③ 经批准的可行性研究报告及有关文件的复制件。

④ 合同条款。

⑤ 勘察设计合同格式。

2. 监理招标文件

① 投标邀请书。

② 投标须知。

③ 施工监理服务通用条件和专用条件。

④ 投标书与投标担保格式。

⑤ 主要工程数量表。

⑥ 投标书附表格式。

⑦ 监理服务协议格式。

⑧ 履约担保格式。

3. 施工招标文件

① 投标邀请书。

② 投标须知。

③ 合同条款（通用条款和专用条款）。

④ 技术规范。

⑤ 投标书与投标担保格式。

⑥ 工程量清单。

⑦ 投标书附表格式。

⑧ 合同格式。

⑨ 履约担保格式。

⑩ 图纸（施工招标文件整理归档时，图纸不在其内）。

二、投标文件

1. 勘察设计投标书

目前，我国尚未规定工程勘察设计投标书的统一格式，一般由招标单位制订，作为招标文件的组成部分，由投标单位按要求编制和投送。其基本内容如下。

（1）标书正文　填写工程设计总标价、总工期、主要工程数量和设计质量标准以及要求招标单位提供的配合条件等。

（2）附件　投标书附件应包括以下内容。

① 投标担保书。

② 报价单。

③ 测量、设计方法、顺序和总工期进度安排。

④ 测量、设计过程中保证质量的主要措施。

⑤ 投标单位认为必要的其他文字说明。

2. 监理投标书

监理投标书由监理大纲和费用建议书两部分组成。

（1）监理大纲　监理单位根据业主拟定的委托范围和职责，提出监理大纲（监理方案），详细说明监理单位一旦被委托要派出的监理人员的数量、资质、拟在本项目中的任职情况；为履行合同义务而采用的组织与管理模式；合同管理、工程质量、进度、费用控制的方法和措施；有详细的一个或多个技术方案，详细的目标成本概算等。

（2）费用建议书　费用建议书是监理单位以完成监理任务为依据，提出的服务费用要求。监理费的构成包括监理单位在工程项目建设活动中所需要的全部成本，再加上利润和税金。

3. 施工承包投标书

① 投标书及投标书附录。

② 投标担保（投标银行保函）。

③ 授权书。

④ 已标价的工程量清单。

⑤ 投标书附表。

⑥ 资格预审的更新资料或资格后审资料（如果资格后审）。

⑦ 选择方案及其报价。

⑧ 初步工程进度计划和主要分项工程施工方案（随同投标文件）。

三、工程合同书与服务协议

1. 勘察设计合同

建设项目勘察设计合同，是指项目业主与勘察设计中标单位为明确双方权利、义务的协议。

（1）合同的法律依据　签订勘察设计合同的法律依据是《中华人民共和国合同法》和国务院颁发的《建设工程勘察设计合同条例》。

（2）勘察设计合同的主体双方应具有法人资格，勘察设计单位应持有与工程规模相适应的勘察设计证书。签订勘察设计合同时，要有批准的可行性研究报告。

2. 委托监理服务协议

签订委托监理服务协议，应符合有关规定，监理单位应持有与工程规模相适应的资质。

3. 施工承包合同

施工承包合同是业主与承包单位为完成工程项目施工任务，明确双方权利、义务的协议。

（1）合同的法律依据　签订施工合同的法律依据是《中华人民共和国合同法》及其他有关文件规定。

（2）签订施工承包合同　主体双方必须有法人资格，承包单位应持有与工程规模相适应的资质，征地、拆迁问题已经解决，资金已经落实。

第三节　园林工程竣工备案文件

一、竣工验收工作流程

园林绿化工程竣工验收工作流程如图 1-1 所示。

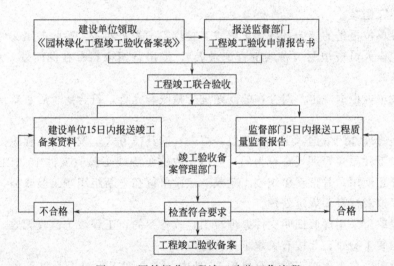

图 1-1　园林绿化工程竣工验收工作流程

二、竣工验收文件提交

建设单位办理园林绿化工程竣工验收备案，应当提交下列文件。

① 建设工程竣工档案预验收意见。

② 园林绿化工程竣工验收备案表。

③ 各参建单位的工程竣工验收报告。工程竣工验收报告应包括工程开工及竣工的时间；施工许可证号；施工图及设计文件审查意见；建设、设计、勘察、监理、施工单位分别签署的质量合格文件及验收人员签署的竣工验收原始文件；有关工程质量的检测资料以及备案管理部门认为需要提供的有关资料。

④ 法律、行政法规规定应当由规划、环保等部门出具的认可文件或者准许使用的文件。

⑤《工程质量保修书》及《工程使用说明书》。
⑥ 有关法规、规章规定必须提供的其他文件。

三、竣工验收文件备案

（1）单位工程竣工验收 5 日前，建设单位到园林绿化工程竣工验收备案管理部门领取《园林绿化工程竣工验收备案表》。同时，建设单位将竣工验收的时间、地点及验收组名单和各项验收文件及报告，书面报送负责监督该项工程的质量监督部门，准备对该工程竣工验收进行监督。

（2）自工程竣工验收合格之日起 15 个工作日内，建设单位将《园林绿化工程竣工验收备案表》一式两份和竣工验收备案文件报送园林绿化工程竣工验收备案管理部门，备案工作人员初审验证符合要求后，在表中备案意见栏加盖"备案文件收讫"章。

（3）园林绿化工程质量监督部门在工程竣工验收合格后 5 个工作日内，向工程竣工验收备案管理部门报送"工程质量监督报告"。

（4）备案管理部门负责人审阅《园林绿化工程竣工验收备案表》和备案文件，符合要求后，在表中填写"准予该工程竣工验收备案"意见，加盖"园林绿化工程竣工验收备案专用章"。备案管理部门将一份备案表发给建设单位，一份备案表及全部备案资料和《工程质量监督报告》留存档案。

（5）建设单位报送的《园林绿化工程竣工验收备案表》和竣工验收备案文件，如不符合要求，备案工作人员应填写《备案审查记录表》，提出备案资料存在的问题，双方签字后，交建设单位整改。

（6）建设单位根据规定，对存在的问题进行整改和完善，符合要求后重新报送备案管理部门备案。

（7）备案管理部门依据《工程质量监督报告》或其他方式，发现在工程竣工过程中存有违反国家建设工程质量管理规定行为的，应当在收讫工程竣工验收文件 15 个工作日内，责令建设单位停止使用，并重新组织竣工验收。建设单位在重新组织竣工验收前，工程不得自行投入使用，违者按有关规定处理。

（8）建设单位采用虚假证明文件办理竣工验收备案的，工程竣工验收无效，责令停止使用，重新组织竣工验收，并按有关规定进行处理。

（9）建设单位在工程竣工验收合格后 15 日内，未办理工程竣工验收备案，责令其限期办理，并按有关规定处理。

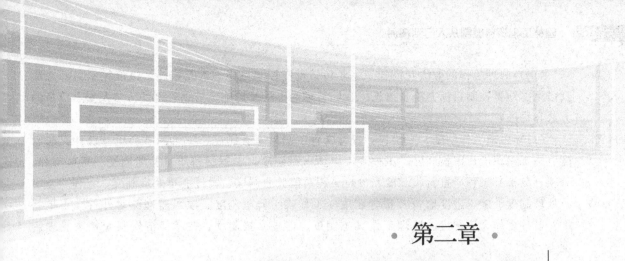

第二章 园林工程监理资料

第一节 园林工程监理管理资料

在园林工程监理过程中，形成的监理工作文件主要有监理规划、监理实施细则、监理日志、监理会议纪要、监理工作总结等。

一、监理规划

监理规划及监理实施细则是指导监理工作的纲领性文件。监理规划是依据监理大纲和委托监理合同编制的，在指导项目监理部工作方面起着重要作用。监理规划是编制监理实施细则的重要依据。监理规划内容如下。

(1) 工程项目概况　应包括工程名称、地点及规模；工程类型、工程特点；工程质量要求；工程参建单位名录（建设单位、设计单位、承包单位、主要分包单位等）。

(2) 监理工作范围　指监理单位所承担监理任务的工程范围。

(3) 监理工作内容　质量控制、进度控制、投资控制、合同管理、安全监督、信息管理。

(4) 监理工作目标　园林绿化工程监理控制达到合同的预期目标。

(5) 监理工作依据

① 园林绿化工程建设方面的法律、法规。

② 政府有关部门批准的建设文件。

③ 园林绿化建设工程委托监理合同。

④ 园林绿化工程承包合同。

(6) 项目监理部的组织机构。

(7) 项目监理部的人员配制计划。

(8) 项目监理部的人员岗位职责。

(9) 监理工作程序。

(10) 监理工作的方法及措施　主要包括投资控制目标方法及措施、进度控制目标方法及措施、质量控制目标方法及措施、合同管理的方法及措施、信息管理的方法及安全监督的方法与措施。

(11) 监理工作制度　主要包括设计文件、图纸审查制度、施工图纸会审及设计交底制度、施工组织设计审核制度、工程开工申请审批制度、工程材料质量检验制度、隐蔽工程、分项（分部）工程质量验收制度、单位工程总监验收制度、设计变更处理制度、工程质量事故处理制度、施工进度监督及报告制度、工程竣工验收制度、项目监理部对外行文审批制度、监理工作会议制度、监理工作日志制度、监理月报制度、技术经济资料及档案管理制度等。

(12) 监理设施　主要包括办公设施、交通设施、通信设施、生活设施、常规检测设备和工具。

工程项目监理规划一般一式三份，建设单位一份，监理单位留存一份，项目监理部一份。

二、监理实施细则

监理实施细则是在监理规划的指导下，由专业监理工程师针对项目的具体情况制订的具有实施性和可操作性的业务文件。在监理工作实施过程中，监理实施细则应根据实际情况进行补充和完善。其主要内容有以下几点。

① 专业工程的特点。
② 监理工作的流程。
③ 监理工作的控制要点及目标值。
④ 监理工作的方法及措施。

三、监理会议纪要

监理会议纪要应由项目监理部根据会议记录整理，经总监理工程师审阅，由与会各方代表会签。

1. 参与设计交底

(1) 由建设单位主持的设计交底会，设计单位、承包单位和监理单位的工程项目负责人及相关人员参加。

(2) 项目监理人员参加设计技术交底会应了解的基本内容。

① 园林绿化工程设计的主导思想，园林艺术构思，使用的设计规范，园林绿化工程总体平面布局与竖向设计要求。

② 对工程上所使用的有关材料、构配件、设备、苗木、花草、种子的要求及施工中应特别注意的事项等。

③ 设计单位对建设单位、承包单位、监理单位提出的对施工图的意见和建议的答复。

④ 设计单位与建设单位要求承包单位在施工中应注意的事项。

⑤ 与会各方应赴施工现场确认工程用地面积、现状及应注意保护的内容。

⑥ 在设计交底会上确认的设计变更应由建设单位、设计单位、承包单位和监理单位会签。

2. 第一次工地会议

(1) 在工程项目开工前监理人员参加由建设单位主持召开的第一次工地会议。监理单位负责整理会议纪要，经有关各方签认后，下发有关各方。

(2) 参加会议的主要人员

① 建设单位驻工地代表及有关人员。

② 承包单位项目部有关人员。

③ 项目监理部总监理工程师及有关人员。

(3) 会议主要内容

① 建设单位负责人任命建设单位工程代表，建设单位根据委托监理合同宣布对总监理工程师的授权，介绍承包单位项目经理。

② 建设单位、承包单位和监理单位分别介绍各自的驻现场组织机构、人员及分工。

③ 建设单位代表介绍工程概况。

④ 承包单位项目经理介绍施工准备情况。

⑤ 建设单位代表、总监理工程师对施工准备情况提出意见和要求。

⑥ 会议商定监理例会召开的周期、地点及主要议题，各方参加例会的主要人员。

3. 工程监理交底会

(1) 总监理工程师主持施工监理交底会，参加的主要人员

① 承包单位项目经理及有关人员。

② 建设单位代表。

③ 项目监理部有关人员。

(2) 会议主要内容

① 明确适用于园林绿化工程的法律、法规，阐明有关合同中约定的建设单位、监理单位和承包单位的权利和义务。

② 介绍监理工作内容。

③ 介绍监理工作的机构、程序、方法。

④ 介绍监理工作制度。

⑤ 对有关报表报审的要求及工程数据管理要求。

4. 监理例会

(1) 在施工阶段，项目监理部以巡视、旁站、抽查、平行检验、检查资料、现场商议等方式实施监理工作。项目监理部总监理工程师应按照第一次工地会议关于监理例会的议定，定期组织与主持有关各方代表参加的监理例会。沟通各方情况、交流信息和协调处理、研究解决有关工程施工方面的问题。

(2) 监理例会参加单位与人员

① 项目监理部总监理工程师或总监理工程师代表，相关监理工作人员。

② 建设单位驻工地代表及相关人员。

③ 承包单位项目部经理、技术负责人及相关专业人员。

④ 根据会议议题要求应邀请设计单位、分包单位及其他有关单位人员。

(3) 监理例会主要议题

① 听取承包单位上次例会议题事项的落实情况及未落实事项原因的汇报。

② 检查施工进度计划完成情况，讨论施工中遇到的问题，分析产生问题的原因，研究

探讨解决问题的办法；并提出下一阶段进度目标及其落实措施。

③ 检查分析工程项目质量状况，针对施工中存在的质量问题要求承包单位及时提出改进措施。

④ 检查工程量及工程款支付情况。

⑤ 解决需要协调的有关事项。

（4）每次例会前项目监理部应收集、汇总有关情况、资料，为开好监理例会做好准备工作。

（5）监理例会会议纪要由项目监理部负责整理，其主要内容有会议召开的地点、时间、会议主持人和与会人员姓名及单位、职务、议定事项及负责落实单位、时间要求以及需要解决落实的其他一些问题。会议纪要经总监理工程师审阅后由与会各方代表签认后发至与会各方，并有签认记录。

（6）项目监理部为解决工程施工中遇到的急需解决的专项问题，监理工程师可主持召开有与专题有关各方负责人及专业人员参加的专题工地会议，项目监理部负责整理会议纪要。经与会各方签认后下发。

四、监理日志

监理日志以项目监理部的监理工作为记载对象，从监理工作开始起至监理工作结束止，由专人负责逐日记载。

（1）准确记录时间，如实填写气象、气温等天气情况。根据当地天气预报，结合现场实测情况，如实填写气温、气象等天气情况。天气情况记录的准确性和工程质量有直接的关系。比如：混凝土、砂浆强度在不同温度、湿度条件下的变化值有明显的区别。监理人员可以根据混凝土浇筑时的温度及今后几天的气温变化，判断是否具备拆模条件。

（2）做好工程验收、现场巡视、现场旁站等相关工作记录，真实、准确、全面地反映监理工作中的"三控、两管、一协调"等日常工作。

① 监理人员必须做好日常巡视工作，增加巡视次数、提高巡视质量。巡视结束后，按不同专业、不同施工部位进行分类整理，最后工整地书写监理日记。

② 发现问题是监理人员经验和观察力的表现，解决问题是监理人员能力和水平的体现，所以监理日记应记录好发现的问题、解决的方法以及整改的过程和程度。

③ 关心安全文明施工管理，做好安全检查记录。

④ 书写工整、规范用语、内容严谨，工程监理日记应能充分展现记录人对各项活动、问题及其相关影响的表达。

五、监理工作总结

（1）施工阶段监理工作结束后，监理单位应向建设单位提交项目监理工作总结。

（2）工程监理工作总结的主要内容

① 工程概况。

② 监理组织机构、监理人员和投入的监理设施。

③ 监理合同履行情况。

④ 监理工作成效。
⑤ 施工过程中出现的问题,及其处理情况和建议。
⑥ 必要的工程照片资料。

第二节 园林工程招投标文件

在园林工程项目监理工作中,会产生大量的信息文件,主要涉及监理工作的依据文件和监理工作中形成的文件两个方面。

一、监理资料管理规定

(1) 监理资料的日常管理要整理及时、真实齐全、分类有序。总监理工程师应指定专人进行监理数据管理,总监理工程师为总负责人。

(2) 应按照合同约定审核勘察、设计文件。

(3) 应对施工单位报送的施工资料进行审查,使施工资料完整、准确,合格后予以签认。

(4) 监理工程师应根据监理资料的要求,认真核实,不得接受经涂改的报验资料,并在审核整理后交数据管理人员存放。存放时应按分部分项建立案卷,分专业存放保管并编目。收发、借阅必须通过数据管理人员履行手续。

二、监理工作常用表格

1. 工程技术文件报审表(表 2-1)

表 2-1 工程技术文件报审表

工程名称		编号	
地点		日期	

现报上关于_____工程技术管理文件,请予以审定。

序号	类别	编制人	册数	页数
1				
2				
3				
4				

编制单位名称:

技术负责人(签字):　　申报人(签字):

承包单位审核意见:

□有/□无附页
承包单位名称:　　审核人(签字):　　审核日期:

监理单位审核意见:

审定结论:　□同意　　□修改后再报　　□重新编制
监理单位名称:　总监理工程师(签字):　日期:

注:本表由承包单位填报,建设单位、监理单位、承包单位各存一份。

(1)"编制单位名称"是指直接负责该项工程实施的单位,如为分包单位,应先由该分包单位填写此栏,经承包单位审核无误后报项目监理部。如该项工程实施单位就是承包单位,则承包单位即为"编制单位",由承包单位直接填写此栏。

　　(2)"现报上关于_____工程技术管理文件"应填入编写的工程技术文件名称,其中"类别、编制人、册数、页数"按编制的工程技术文件的实际情况如实填写。

　　(3)"承包单位审核意见"栏必须填写具体的审核内容。

　　(4)本表先经专业监理工程师审核,并在"监理单位审核意见"中填写意见。由总监理工程师签署"审定结论"并在相应选择框处画"√"。若本栏书写不下时,可另附页。

2. 施工测量定点放线报验表（表 2-2）

　　(1)"我方已完成（部位）"栏应按实际测量放线部位填写。

　　(2)"内容"栏应将已完成的测量放线具体内容描述清楚。

　　(3)"附件"栏填写放线的依据材料,放线成果表的页数。

　　(4)"测量员（签字）"栏应由具有施工测量放线资格的技术人员签字,并填写岗位证书编号。

　　(5)"查验人（签字）"栏应由具有施工测量验线资格的技术人员签字,并填写岗位证书编号。

　　(6)"承包单位名称"栏按"谁施工填谁"这一原则执行。

　　(7)"技术负责人（签字）"栏为项目技术负责人。

　　(8)"查验结果"栏应由负责查验的监理工程师填写,填写内容如下。

　　① 放线的依据材料是否合格有效。

　　② 实际放线结果是否符合设计或规范精度要求。

表 2-2　施工测量定点放线报验表

工程名称		编　号	
地　点		日　期	
致：_____（监理单位） 　　我方已完成(部位)_____ (内容)的测量放线,经自验合格,请予查验。 附件:1.□放线的依据材料_____页 　　　2.□放线成果表_____页 　　　　　　　　　测量员(签字)：　　　岗位证书号： 　　　　　　　　　查验人(签字)：　　　岗位证书号：			
承包单位名称：		技术负责人(签字)：	
查验结果：			
查验结论：　　　□合格　　□纠错后重报			
监理单位名称：　　监理工程师(签字)：			日期：

注:本表由承包单位填报,建设单位、监理单位、承包单位各存一份。

(9) 当"查验结论"为合格时,在"合格"栏中画"√",监理工程师应在相应的所附记录签字栏内签字;当"查验结论"不合格时,在"纠错后重报"栏中画"√",进行重新报验。

(10)"监理单位名称"栏应是监理单位的全称,不可简化。

(11)"监理工程师(签字)"栏为负责查验该项工作的监理工程师。

3. 施工进度计划报审表(表 2-3)

(1)"现报上＿＿＿年＿＿＿季＿＿＿月"栏中应填写拟报审进度计划的年、季、月时间。

(2)"附件"栏填写所报资料的名称及份数。

(3)"施工单位名称"栏填写施工单位的全称,不可简化。

(4)"项目经理(签字)"栏为施工单位工程项目负责人。

(5)"审查意见"栏由监理工程师根据工程的条件(工程的规模、质量标准、复杂程度、施工的现场条件等)及施工队伍的条件,全面分析施工单位编制的施工进度计划的合理性、可行性,并签署意见。

(6)"审批结论"栏的填写

① 所报施工进度计划符合合同工期及总控计划要求,有可实施性,同意实施时,在"同意"栏画"√"。

② 所报计划有明显错误时,应限定修改日期,在"修改后再报"栏画"√"。

③ 所报计划与总控计划不符,需重新编制时,应限定重新编制日期,在"重新编制"栏画"√"。

表 2-3 施工进度计划报审表

工程名称		编 号	
地 点		日 期	
致:＿＿＿＿＿(监理单位) 　　现报上＿＿＿年＿＿＿季＿＿＿月工程施工进度计划请予以审查和批准。 附件:1.□施工进度计划(说明、图表、工程量、资源配置)＿＿＿份 　　　2.□			
承包单位名称:	项目经理(签字):		
审查意见:			
监理单位名称:	监理工程师(签字):	日期:	
审批结论:　　□同意　　　□修改后再报　　　□重新编制			
监理单位名称:	总监理工程师(签字):	日期:	

注:本表由承包单位填报,建设单位、监理单位、承包单位各存一份。

4. 工程物资进场报验表（表2-4）

（1）工程物资进场后，施工单位应进行检查（外观、数量及质量证明文件等），自检合格后填写工程物资进场报验表，报请监理单位验收，监理工程师签署审查结论。

（2）施工单位和监理单位应约定涉及结构安全、使用功能、建筑外观、环保要求的主要物资的进场报验范围和要求。

（3）物资进场报验须附资料，应根据具体情况（合同、规范、施工方案等要求）由施工单位和物资供应单位预先协商确定。应附出厂合格证、商检证、进场复试报告等相关资料。

（4）对未经监理人员验收或验收不合格的工程材料、构配件、设备，监理人员应拒绝签认，并应签发监理通知，书面通知承包单位限期将不合格的物资撤出现场。

（5）"关于_____工程"栏应填写专业工程名称，表中"物资名称、主要规格、单位、数量、选样报审表编号、使用部位"应按实际发生材料、设备项目填写，要明确、清楚，与附件中质量证明文件及进场检验和复试资料相一致。

（6）"附件"栏应在相应选择框处画"√"并写明页数、编号。

（7）"申报单位名称"应为施工单位名称，并由申报人签字。

（8）"施工单位检验意见"栏应由项目技术负责人填写具体的检验内容和检验结果，并签字确认。

表2-4 工程物资进场报验表

工程名称			编 号	
地 点			日 期	
现报上关于_____工程的物资进场检验记录,该批物资经我方检验符合设计、规范及合同要求,请予以批准使用。				
物资名称	主要规格	单位	数量	选样报审表编号	使用部位

附件： 名称　　　　　　　页数　　编号
1.□出厂合格证_____页
2.□厂家质量检验报告_____页
3.□厂家质量保证书_____页
4.□商验证_____页
5.□进场检查记录_____页
6.□进场复试报告_____页
7.□备案情况_____页
8.□

申报单位名称：　　　　　　　申报人（签字）：

承包单位检验意见：

□有/□无附页

承包单位名称：　　　　技术负责人（签字）：　　　审核日期：

验收意见：

审定结论：□同意　□补报资料　□重新检验　□退场

监理单位名称：　　　　监理工程师（签字）：　　　验收日期：

注：本表由承包单位填报，建设单位、监理单位、承包单位各存一份。

(9)"验收意见"栏由监理工程师填写并签字,验收意见应明确。如验收合格,可填写:质量控制资料齐全、有效;材料试验合格。并在"审定结论"栏下相应选择框处画"√"。

5. 工程动工报审表 (表2-5)

(1)在"计划于_____年_____月_____日"栏中填写计划开工的具体时间。

(2)在已完成报审条件的选择框处画"√"。

(3)"审查意见"栏由监理工程师填写。审查承包单位报送的工程动工资料是否齐全、有效,具备动工条件。

(4)"审批结论"栏由总监理工程师签署,在"同意"或"不同意"选择框处画"√"并签字。

表2-5 工程动工报审表

工程名称		编 号	
地 点		日 期	
致:_____(监理单位) 根据合同约定,建设单位已取得主管单位审批的开工证,我方也完成了开工前的各项准备工作,计划于_____年_____月_____日开工,请审批。 1.□园林行政主管部门批示文件(复印件) 2.□施工组织设计(含主要管理人员和特殊工种资格证明) 3.□施工测量放线成果 4.□主要人员、材料、设备进场 5.□施工现场道路、水、电、通信等已达到开工条件			
承包单位名称: 项目经理(签字):			
审查意见:			
监理单位名称: 监理工程师(签字): 日期:			
审批结论: □同意 □不同意			
监理单位名称: 总监理工程师(签字): 日期:			

注:本表由承包单位填报,建设单位、监理单位、承包单位各存一份。

6. 分包单位资质报审表 (表2-6)

(1)分包单位资格报审是总承包单位在分包工程开工前,对分包单位的资格报项目监理机构审查确认。

(2)未经总监理工程师确认,分包单位不得进场施工,总监理工程师对分包单位资格的确认不解除总承包单位应负的责任。

(3)施工合同中已明确或经过招标确认的分包单位(即建设单位书面确认的分包单位),承包单位可不再对分包单位资格进行报审。

(4)分包单位按所报分包单位企业法人营业执照全称填写。

(5)根据工程分包的具体情况,可在"附"栏中的"分包单位资质材料、分包单位业绩材料、中标通知书"相应的选择框处画"√",并将所附资料随本表一同报验。

(6) 在"分包工程名称(部位)"栏中填写分包单位所承担的工程名称(部位)及计量单位、工程数量、其他说明。

(7) 监理工程师应审查分包单位的营业执照、企业资质等级证书、施工许可证、管理人员、技术人员资格(岗位)证书以及所获得的业绩材料的真实性、有效性。审查合格后,在"审查意见"栏中填写审查意见,并予以签认。

(8) 总监理工程师审核后在"审批意见"栏中填写具体的审批意见,并予以签认。

表 2-6 分包单位资质报审表

工程名称		编号	
地点		日期	
致:_____(监理单位) 　　经考察,我方认为拟选择的_____(分包单位)具有承担下列工程的施工资质和施工能力,可以保证本工程项目按合同的约定进行施工。分包后,我方仍然承担总承包单位的责任。请予以审查批准。 附: 　　1.□分包单位资质材料 　　2.□分包单位业绩材料 　　3.□中标通知书			
分包工程名称(部位)	单位	工程数量	其他说明
承包单位名称:	项目经理(签字):		
审查意见: 　　监理工程师(签字):　　　　日期:			
审批意见: 　　监理单位名称:　　总监理工程师(签字):　　日期:			

注:本表由承包单位填报,建设单位、监理单位、承包单位各存一份。

7. 分项/分部工程施工报验表 (表 2-7)

(1) 如原属不合格的,分项、分部工程报验应填写不合格项处置记录(表 2-19),分部工程应由总监理工程师签字。

(2) 分项/分部工程施工报验文件可包括隐蔽工程检查记录、预检记录、施工记录、施工试验记录、检验批质量验收记录、分项工程质量验收记录和分部(子分部)工程质量验收记录等。

第二章　园林工程监理资料

(3) 施工单位在完成一个检验批的施工，经过自检和施工试验合格后，报监理工程师查验，监理工程师应对该检验批进行验收，并在检验批质量验收记录上签字，施工单位可以不再填写分项/分部工程施工报验表。

当分项工程中检验批数量过大时，监理单位可与施工单位协商，约定报验次数，并在监理交底时予以明确。

(4) 在完成分项工程后，施工单位应按分项工程进行报验，填写分项/分部工程施工报验表并附_____分项工程质量验收记录和相关附件。

(5) 施工单位在完成分部工程施工，经过自检合格后，应填写分项/分部工程施工报验表并附_____分部（子分部）工程质量验收记录和相关附件，报项目监理部，总监理工程师应组织验收并签署意见。

(6) 分项/分部工程施工报验表中附件所列各项，监理单位应视报验的具体内容进行选项，凡在检验批验收中已查验过的各种记录可不列入，凡未经查验的记录应作为本表的附件。

(7) 报验时所附附件，应在相应选择框处画"√"，并填写页数及编号，随同本表一同报验。

(8) 分包单位的资料，必须通过承包单位审核后，方可向监理单位报验，因此，质量检查员和技术负责人签字均应由承包单位的相应人员进行。

(9) 监理单位在接到报验表后，应审查承包单位所报材料是否齐全，检查所报分项/分部工程实体质量是否符合设计和规范要求。

表 2-7　分项/分部工程施工报验表

工程名称		编　号	
地　点		日　期	
现我方已完成_____部位的工程，经我方检验符合设计、规范要求，请予以验收。 附件：　名称　　页数　　编号 　1.□质量控制资料汇总表(适用于分部工程)_____页 　2.□隐蔽工程检查记录表_____页 　3.□预检工程检查记录表_____页 　4.□施工记录_____页 　5.□施工试验记录_____页 　6.□分项工程质量检验评定记录_____页 　7.□分部工程质量检验评定记录_____页			
承包单位名称：	质量检查员(签字)：	技术负责人(签字)：	
审查意见：			
审查结论：　□合格　　□不合格 监理单位名称：　　　(总)监理工程师(签字)：　　审查日期：			

注：本表由承包单位填报，建设、监理、承包单位各存一份。

8. ( ) 月工、料、机动态表 (表2-8)

(1) "人工"栏按施工现场实际工种情况填写并进行合计。

(2) "主要材料"栏应填写工程使用主要材料,如水泥、钢筋,并填写相应材料的上月库存量、本月进场量、本月消耗量,以得出本月最终库存量。

(3) "主要机械"栏按施工现场实际使用的主要机械填写,核准其生产厂家、规格型号、数量。

(4) 塔吊、外用电梯等的安检资料及计量设备检定资料应于开始使用的一个月内作为本表的附件,由施工单位报审,监理单位留存备案。

表2-8 ( ) 月工、料、机动态表

工程名称				编 号		
地 点				日 期		
人工	工种				其他	合计
	人数					
	持证人数					
主要材料	名称	单位	上月库存量	本月进场量	本月消耗量	本月库存量
主要机具	名 称		生产厂家		规格型号	数 量
附件:						
承包单位名称:			项目经理(签字):			

注:本表由承包单位于每阶段提前5日填报,监理单位、承包单位各存一份。工、料、机情况应按不同施工阶段填报主要项目。

9. 工程复工报审表 (表2-9)

(1) 承包单位填写工程复工报审表时,应附下列书面材料一起报送项目监理部审核,由总监理工程师签署审批意见。

① 承包单位对工程暂停原因的分析。

② 工程暂停原因已消除的证据。

③ 避免再次出现类似问题的预防措施。

(2)"附件"栏应详细说明具备复工的条件。

(3)"审批意见"栏应由总监理工程师填写。

(4)当同意复工时,在"审批结论"栏下的"具备复工条件,同意复工"处画"√",否则在"不具备复工条件,暂不同意复工"处画"√",并说明具体原因。

表2-9 工程复工报审表

工程名称		编 号	
地 点		日 期	
致:_____(监理单位) _____工程,由总监理工程师签发的第( )号工程暂停令指出的原因已消除,经检查已具备了复工条件,请予以审核并批准复工。			
附件:具备复工条件的详细说明			
承包单位名称: 项目经理(签字):			
审查意见:			
审批结论:□具备复工条件,同意复工。 □不具备复工条件,暂不同意复工。			
监理单位名称: 总监理工程师(签字): 日期:			

注:本表由承包单位填报,由监理单位签认,建设单位、监理单位、承包单位各存一份。

10. ( )月工程进度款报审表(表2-10)

(1)施工单位根据当月完成的工程量,按施工合同的约定计算月工程进度款,填写( )月工程进度款报审表报项目监理部。

(2)施工单位应于每月26日前,根据工程实际进度及监理工程师签认的分项工程,上报月完成工程量。计量原则是每月计量一次,计量周期为上月26日至当月25日。

(3)月完成工作量统计报表(工作量统计报表含工程量统计报表)应作为附件与本报审表一并报送监理单位,工程量认定应有相应专业监理工程师的签字认可(监理单位应留存备查)。

① 承包单位应按照时间在"兹申报____年____月份"栏内填写申报的具体年度、月份。

② "完成的工作量_____，请予以核定"栏应填写"见工程量清单"。

（4）由负责造价控制的监理工程师审核，填写具体审核内容并签字；总监理工程师审核并签字，明确总监理工程师应负的领导责任。

表 2-10　（　）月工程进度款报审表

工程名称		编　号	
地　点		日　期	

致：_____（监理单位）

　　兹申报_____年_____月份完成的工作量_____，请予以核定。

附件：月完成工作量统计报表。

承包单位名称：　　　　　　项目经理（签字）：

经审核以下项目工作量有差异，应以核定工作量为准。本月度认定工程进度款为：
承包单位申报数（　）+监理单位核定差别数（　）-本月工程进度款数（　）。

统计表序号	项目名称	单位	申报数			核定数		
			数量	单价/元	合计/元	数量	单价/元	合计/元
合计								

监理工程师（签字）：　　　　日期：

监理单位名称：　　　　　　总监理工程师（签字）：　　　　日期：

注：本表由承包单位填报，由监理单位签认，建设单位、监理单位、承包单位各存一份。

11. 工程变更费用报审表（表 2-11）

（1）实施工程变更发生增加或减少的费用，由承包单位填写工程变更费用报审表报项目监理部。项目监理部进行审核并与承包单位和建设单位协商后，由总监理工程师签认，建设单位批准。

（2）承包单位在填写该表时，应明确工程变更单所列项目名称，变更前后的工程量、单价、合价的差别，以及工程款的增减额度。

（3）由负责造价控制的监理工程师对承包单位所报审的工程变更费用进行审核。审核内容为工程量是否符合所报工程实际；是否符合工程变更单所包括的工作内容；定额项目选用是否正确，单价、合价计算是否正确。

（4）在"审核意见"栏，监理工程师签署具体意见并签字。监理工程师的审核意见不应签署"是否同意支付",因为工程款的支付应在相应工程验收合格后,按合同约定的期限,签署工程款支付证书。

(5) 分包工程的工程变更应通过承包单位办理。

表 2-11 工程变更费用报审表

工程名称			编 号		
地 点			日 期		

致:_____(监理单位)

根据第( )号工程变更单,申请费用如下表,请审核。

项目名称	变更前			变更后			工程款增 (＋)减(－)
	工程量	单价	合价	工程量	单价	合价	

承包单位名称: 项目经理(签字):

审核意见:

监理工程师(签字): 日期:

监理单位名称: 总监理工程师(签字): 日期:

注:本表由承包单位填报,建设、监理、承包单位各存一份。

12. 费用索赔申请表(表 2-12)

(1) 费用索赔申请是承包单位向建设单位提出费用索赔,报项目监理机构审查、确认和批复。

(2) "根据施工合同第_____条款的规定":填写提出费用索赔所依据的施工合同条目。

(3) "由于_____原因":填写导致费用索赔的事件。

(4) "索赔的详细理由及经过"指索赔事件造成承包单位直接经济损失,详细理由及事件经过。

(5) "索赔金额计算"指索赔金额计算书,索赔的费用内容一般包括人工费、设备费、材料费、管理费等。

(6) "证明材料"指上述两项所需的各种证明材料,包括如下内容:合同文件;监理工程师批准的施工进度计划;合同履行过程中的来往函件;施工现场记录;工地会议纪要;工程照片；监理工程师发布的各种书面指令；工程进度款支付凭证；检查和试验记录；汇率变化表；各类财务凭证；其他有关资料。

表 2-12　费用索赔申请表

工程名称		编　号	
地　点		日　期	

致：_____（监理单位）

　　根据施工合同第_____条款的规定，由于_____原因，我方要求索赔金额共计人民币(大写)_____元，请批准。

索赔的详细理由及经过：

索赔金额的计算：

附件：证明材料

承包单位名称：　　　　　　　　　　项目经理(签字)：

注：本表由承包单位填报，建设、监理、承包单位各存一份。

13. 工程款支付申请表（表 2-13）

(1) 承包单位根据施工合同中工程款支付约定，向项目监理机构申请开具工程款支付证书。

(2) 申请支付工程款金额包括合同内工程款、工程变更增减费用、批准的索赔费用，扣除应扣预付款、保留金及施工合同中约定的其他费用。

(3) "我方已完成了_____工作"：填写经专业监理工程师验收合格的工程；定期支付进度款填写本支付期内经专业监理工程师验收合格工程的工作量。

(4) 工程量清单：指本次付款申请中的经专业监理工程师验收合格工程的工程量清单统计报表。

(5) 计算方法：指以专业监理工程师签认的工程量按施工合同约定采用的有关定额（或其他计价方法的单价）的工程价款计算。

(6) 根据施工合同约定，需建设单位支付工程预付款的，也采用此表向监理机构申请支付。

(7) 工程款支付申请中如有其他和付款有关的证明文件和资料时，应附有相关证明资料。

第二章 园林工程监理资料

表 2-13 工程款支付申请表

工程名称		编　号	
地　点		日　期	

致：_____（监理单位）

　我方已完成了_____工作，按施工合同的规定，建设单位应在_____年_____月_____日前支付该项工程款共计(大写)_____,小写_____,现报上_____工程付款申请表,请予以审查并开具工程款支付证书。

附件：

1. 工程量清单

2. 计算方法

承包单位名称：　　　　　　　　　项目经理(签字)：

14. 工程延期申报表（表 2-14）

(1)"根据合同条款_____条的规定"栏中填写施工合同有关工程延期的相关条款。

(2)"由于_____的原因"栏填写工程延期的具体原因。

(3)"工程延期的依据及工期计算"栏应详细说明工程延期的依据，并将工期延长的计算过程、结果列于表内。

(4)"合同竣工日期"栏填写施工合同签订的工程竣工日期。

(5)"申请延长竣工日期"栏填写由于相关原因施工单位申请延长的竣工日期。

(6)"附"栏中填写相关的证明材料。

15. 监理通知回复单（表 2-15）

(1)承包单位落实监理通知后，报项目监理机构检查复核。

(2)承包单位完成监理通知回复单中要求继续整改的工作后，仍用此表回复。

(3)涉及应总监理工程师审批工作内容的回复单，应由总监理工程师审批。

(4)"已按要求完成了_____工作"栏填写监理通知中相对应的内容。

(5)"详细内容"栏应写明对监理通知中所提问题发生的原因分析、整改经过和结果及预防措施等。

(6)"复查意见"一般应由监理通知的签发人进行复查验收并签字确认。当监理工程师不在现场或与总监理工程师意见不一致时，由总监理工程师签字生效。

表 2-14　工程延期申报表

工程名称		编　号	
地　点		日　期	

致：_____（监理单位）

　　根据合同条款 _____ 条的规定，由于 _____ 的原因，申请工程延期，请批准。

工程延期的依据及工期计算：

合同竣工日期：
申请延长竣工日期：
附：证明材料

承包单位名称：　　　　　　　项目经理(签字)：

注：本表由承包单位填报，建设单位、监理单位、承包单位各存一份。

表 2-15　监理通知回复单

工程名称		编　号	
地　点		日　期	

致：_____（监理单位）

　　我方接到第(　)号监理通知后，已按要求完成了 _____

_____工作，特此回复，请予以复查。

详细内容：

承包单位名称：　　　　　　　项目经理(签字)：

复查意见：

　　　　　　　　　　　　　　监理工程师(签字)：　　　　日期：
监理单位名称：　　　　　　　总监理工程师签字：　　　　日期：

注：本表由承包单位填报，建设单位、监理单位、承包单位各存一份。

16. 监理通知（表2-16）

（1）在监理工作中，项目监理机构按委托监理合同授予的权限，对承包单位发出指令、提出要求，除另有规定外，均应采用此表。监理工程师现场发出的口头指令及要求，也应采用此表予以确认。

（2）承包单位应签收和执行监理通知，并将执行结果用监理通知回复单报监理机构复核。

（3）事由　指通知事项的主题。

（4）内容　在监理工作中，项目监理机构按委托监理合同授予的权限，对承包单位所发出的指令提出要求。针对承包单位在工程施工中出现的不符合设计要求、不符合施工技术标准、不符合合同约定的情况及偷工减料、使用不合格的材料、构配件和设备，纠正承包单在工程质量、进度、造价等方面的违规、违章行为。

（5）承包单位对监理工程师签发的监理通知中的要求有异议时，应在收到通知后24h内向项目监理机构提出修改申请，要求总监理工程师予以确认，但在未得到总监理工程师修改意见前，承包单位应执行专业监理工程师下发的监理通知。

表2-16　监理通知

工程名称		编　号	
地　点		日　期	
致_____（承包单位）			
事由：			
内容：			
监理单位名称：	监理工程师（签字）： 总监理工程师（签字）：		日期： 日期：

17. 监理抽检记录（表2-17）

（1）本表主要用于监理合同约定对所有的平行检验，包括所有的试验或现场监理抽检。

（2）监理抽检主要是依据监理合同中约定或是对工程的某些重要部位，或是对施工质量和材料有怀疑时，监理工程师所进行的抽查，并做记录。

（3）凡有承包单位参加的检查，应要求其附原始记录并在该记录上签字。若是发生费用的检查，应征求建设单位的意见，并执行有关合同约定。

（4）如检查结果合格，监理工程师在"处置意见"栏中签字。如检查结果不合格，按有关规定填写"处置意见"，同时填写不合格项处置记录，通知承包单位。

（5）监理抽检的百分比由各单位根据工程实际和监理单位控制能力自行确定。

（6）如是监理单位自行抽查和试验，"被委托单位"栏可以不填。

表 2-17　监理抽检记录

工程名称		编　号	
地　点		日　期	
检查项目：			
检查部位：			
检查数量：			
被委托单位：			
检查结果： 　　□合格　　□不合格			
处置意见：			
监理单位名称：	监理工程师(签字)： 总监理工程师(签字)：	日　期： 日　期：	

注：本表由监理单位填写，建设单位、监理单位、承包单位各存一份。

18. 旁站监理记录（表 2-18）

（1）旁站监理记录是指监理人员在园林绿化工程施工阶段监理中，对关键部位、关键工序的施工质量，实施全过程现场跟班的监督活动所见证的有关情况的记录。

表 2-18　旁站监理记录

工程名称		编　号	
地　点		日　期	
旁站部位或工序：			
旁站开始时间：		旁站结束时间：	
施工情况：			
监理情况：			
发现问题：			
处理意见：			
承包单位：_____ 质检员(签字)：_____		监理单位：_____ 旁站监理员(签字)：_____	
年　月　日		年　月　日	

注：本表由旁站监理人员及承包单位现场专职质检员会签。

(2) 承包单位根据项目监理机构制订的旁站监理方案,在需要实施的关键部位、关键工序进行施工前 24h,书面通知项目监理机构。

(3) 凡旁站监理人员和承包单位现场质检人员未在旁站监理记录上签字的,不得进行下一道工序的施工。

(4) 凡规定的关键部位、关键工序未实施旁站监理或没有旁站监理记录的,专业监理工程师或总监理工程师不得在相应文件上签字。

(5) "旁站监理的部位或工序"栏填写具体旁站的部位或工序。

(6) "施工情况"栏填写监理人员对旁站的部位或工序具体的施工内容与要求等。

(7) "监理情况"栏填写对旁站监理的实施情况。

(8) "发现问题"栏填写监理人员在旁站过程中所发现的各项问题。

(9) "处理意见"栏填写针对监理人员所发现的问题提出的处理意见及整改措施等。

19. 不合格项处置记录(表 2-19)

(1) 监理工程师在隐蔽工程验收和检验批验收中,针对不合格的工程应填写不合格项处置记录。

表 2-19 不合格项处置记录

工程名称		编 号	
地 点		发生/发现日期	
不合格项发生部位与原因: 致:_____(承包单位) 由于以下情况的发生,使你单位在_____施工中,发生严重□/一般□不合格项,请及时采取措施及时整改。 具体情况: □自行整改 □整改后报我方验收			
签发单位名称:	签发人(签字):		日期:
不合格项整改措施和结果: (签发单位): 根据你方指示,我方已完成整改,请予以验收。 整改期限:			
整改责任人:	单位负责人(签字):		日期:
整改结论: □同意验收 □继续整改			
验收单位名称:	验收人(签字):		日期:

（2）本表由下达方填写，整改方填报整改结果。本表也适用于监理单位对项目监理部的考核工作。

（3）"使你单位在_____施工中"栏填写不合格项发生的具体部位。

（4）"发生严重□／一般□不合格项"栏根据不合格项的情况来判定其性质，当发生严重不合格项时，在"严重"选择框处画"√"；当发生一般不合格项时，在"一般"选择框处画"√"。

（5）"具体情况"栏由监理单位签发人填写不合格项的具体内容，并在"自行整改"或"整改后报我方验收"选择框处画"√"。

（6）"签发单位名称"栏应填写监理单位名称。

（7）"签发人"栏应填写签发该表的监理工程师或总监理工程师。

（8）"不合格项整改措施和结果"栏由整改方填写具体的整改措施内容。

（9）"整改期限"栏指整改方要求不合格项整改完成的时间。

（10）"整改责任人"栏一般为不合格项所在工序的施工负责人。

（11）"单位负责人"栏为整改责任人所在单位或部门负责人。

（12）"整改结论"栏根据不合格项整改验收情况由监理工程师填写。

（13）"验收单位名称"为签发单位，即监理单位。

（14）"验收人"栏为签发人，即监理工程师或总监理工程师。

20. 工程暂停令（表 2-20）

（1）"由于_____原因"栏中填写造成工程暂停的原因。

（2）"现通知你方必须于_____年_____月_____日_____时起"栏中填写工程暂停的起始时间。

（3）"对本工程的_____部位（工序）"栏中填写工程暂停的部位或工序名称。

（4）"并按下述要求做好各项工作"栏由总监理工程师根据工程施工现场情况提出具体的工作要求。

表 2-20 工程暂停令

工程名称		编　号	
地　点		日　期	
致：_____（承包单位） 　　由于_____原因,现通知你方必须于_____年_____月_____日_____时起,对本工程的_____部位（工序）实施暂停施工,并按下述要求做好各项工作：			
监理单位名称： 　　　　　　　　　　　　总监理工程师（签字）：			

注：本表由监理单位签发，建设单位、监理单位、承包单位各存一份。

21. 工程延期审批表（表 2-21）

（1）监理单位应根据施工单位提交的工程延期申报表作出审批。

（2）"说明"栏应填写总监理工程师就工程延期作出审批的具体意见。

表 2-21 工程延期审批表

工程名称		编　号	
地　点		日　期	

致：_____（承包单位）

　　根据施工合同条款 _____ 条的规定,我方对你方提出的第（　）号关于 _____ 工程延期申请,要求延长工期 _____ 日历天,经过我方审核评估：

　　□ 同意工期延长 _____ 日历天,竣工日期（包括已指令延长的工期）从原来的 _____ 年 ____ 月 ____ 日延长到 ____ 年 ____ 月 ____ 日。请你方执行。

　　□ 不同意延长工期,请按约定竣工日期组织施工。

说明：

监理单位名称：　　　　　　　　　　　总监理工程师（签字）：

注：本表由监理单位签发,建设单位、监理单位、承包单位各存一份。

22. 费用索赔审批表（表 2-22）

（1）总监理工程师应在施工合同约定的期限内签发费用索赔审批表,或发出要求承包单位提交有关费用索赔的进一步详细资料的通知。

（2）"根据施工合同条款第_____条的规定"：填写提出费用索赔所依据的施工合同条目。

（3）"你方提出的第（　）号关于_____费用索赔申请"：填写导致费用索赔的事件。

（4）审查意见：专业监理工程师应首先审查索赔事件发生后,承包单位是否在施工合同规定的期限内（28 天）,向专业监理工程师递交过索赔意向通知,如超过此期限,专业监理工程师和建设单位有权拒绝索赔要求；其次,审核承包单位的索赔条件是否成立；第三,应审核承包单位报送的费用索赔申请表,包括索赔的详细理由及经过,索赔金额的计算及证明材料；如不满足索赔条件,专业监理工程师应在"不同意此项索赔"前"□"内打"√"；如符合条件,专业监理工程师就初定的索赔金额向总监理工程师报告、由总监理工程师分别与承包单位及建设单位进行协商,达成一致或监理工程师公正地自主决定后,在"同意此项索赔"前"□"内打"√",并把确定金额写明,如承包人对监理工程师的决定不同意,则可按合同中的仲裁条款提交仲裁机构仲裁。

（5）同意/不同意索赔的理由：同意/不同意索赔的理由应简要列明。

（6）索赔金额的计算：指专业监理工程师对批准的费用索赔金额的计算过程及方法。

表 2-22 费用索赔审批表

工程名称		编　号	
地　点		日　期	

致：＿＿＿＿＿＿＿＿＿＿＿＿＿＿＿（承包单位）

　　根据施工合同条款＿＿＿＿＿＿＿＿＿＿＿＿＿＿＿条的规定，我方对你方提出的第（　）号关＿＿＿＿＿＿＿＿＿＿＿＿费用索赔申请，索赔金额共计人民币(大写)＿＿＿＿＿＿＿＿＿＿＿＿。

经我方审核评估：

　　□　不同意此项索赔。
　　□　同意此项索赔，金额为(大写)＿＿＿＿＿＿＿＿＿＿＿＿。
　　理由：

索赔金额的计算：

　　　　　　　　　　　　　　　　　　　　　　　　监理工程师(签字)：
监理单位名称：　　　　　　　　　　　　　　　　总监理工程师(签字)：

23. 工程款支付证书（表 2-23）

表 2-23　工程款支付证书

工程名称		编　号	
地　点		日　期	

致：＿＿＿＿＿＿＿＿＿＿＿＿＿＿＿＿＿＿（建设单位）

　　根据施工合同规定，经审核承包单位的付款申请和报表，并扣除有关款项，同意本期支付工程款共计(大写)＿＿＿＿＿＿＿，(小写)＿＿＿＿＿＿＿，请按合同规定及时付款。
其中：

1. 承包单位申报款为：＿＿＿＿＿＿＿＿＿＿＿＿＿＿
2. 经审核承包单位应得款为：＿＿＿＿＿＿＿＿＿＿＿＿＿＿
3. 本期应扣款为：＿＿＿＿＿＿＿＿＿＿
4. 本期应付款为：＿＿＿＿＿＿＿＿＿＿

附件：
1. 承包单位的工程付款申请表及附件
2. 项目监理部审查记录

监理单位名称：　　　　　　　　　　　　　　　　总监理工程师(签字)：

(1) 工程款支付证书是项目监理机构在收到承包单位的工程款支付申请表，根据施工合同和有关规定审查复核后签署的应向承包单位支付工程款的证明文件。

(2) 承包单位申报款指承包单位向监理机构申报工程款支付申请表中申报的工程款额。

(3) 经审核承包单位应得款指经专业监理工程师对承包单位向监理机构填报的工程款支付申请表审核后，核定的工程款额。包括合同内工程款、工程变更增减费用、经批准的索赔费用等。

(4) 本期应扣款指施工合同约定本期应扣除的预付款、保留金及其他应扣除的工程款的总和。

(5) 本期应付款指经审核承包单位应得款额减本期应扣款额的余额。

(6) 承包单位的工程付款申请表及附件指承包单位向监理机构申报的工程款支付申请表及其附件。

(7) 项目监理机构审查记录指总监理工程师指定专业监理工程师，对承包单位向监理机构申报的工程款支付申请表及其附件的审查记录。

(8) 总监理工程师指定专业监理工程师对工程款支付申请中包括合同内工作量、工程变更增减费用、经批准的费用索赔、应扣除的预付款、保留金及施工合同约定的其他支付费用等项目应逐项审核，并填写审查记录，提出审查意见报总监理工程师审核签认。

第三节 监理工程竣工验收及其他资料

一、监理工程竣工资料

1. 单位工程竣工预验收报验表（表 2-24）

(1) 施工单位在单位工程完工，经自检合格并达到竣工验收条件后，填写单位工程竣工预验收报验表，并附相应的竣工资料（包括分包单位的竣工资料）报项目监理部，申请工程竣工预验收。

单位工程竣工资料应包括分部（子分部）工程质量验收记录、单位（子单位）工程质量控制资料核查记录、单位（子单位）工程安全和功能检验资料核查及主要功能抽查记录、单位（子单位）工程观感质量检查记录等。

(2) 总监理工程师组织项目监理部人员与承包单位根据现行有关法律、法规、工程建设标准、设计文件及施工合同，共同对工程进行检查验收。对存在的问题，应及时要求承包单位整改。整改完毕验收合格后由总监理工程师签署单位工程竣工预验收报验表。

2. 竣工移交证书（表 2-25）

(1) 工程竣工验收完成后，由项目总监理工程师及建设单位代表共同签署竣工移交证书，并加盖监理单位、建设单位公章。

(2) 建设单位、承包单位、监理单位、工程名称均应与施工合同所填写的名称一致。

(3) 工程竣工验收合格后，本表由监理单位负责填写，总监理工程师签字，加盖单位公章；建设单位代表签字并加盖建设单位公章。

(4) 单位工程质量竣工验收记录应由总监理工程师签字，加盖监理单位公章。

(5) 日期应写清楚，表明即日起该工程移交建设单位管理，并进入保修期。

表 2-24　单位工程竣工预验收报验表

工程名称		编　号	
地　点		日　期	

致：_____（监理单位）
　　我方已按合同要求完成了_____工程,经自检合格,请予以检查和验收。
附件:

承包单位名称：　　　　　　　　　　　　　项目经理(签字)：

审查意见：
　　经预验收,该工程：
　　1.□符合 □不符合我国现行法律、法规要求
　　2.□符合 □不符合我国现行工程建设标准
　　3.□符合 □不符合设计文件要求
　　4.□符合 □不符合施工合同要求
综上所述,该工程预验收结论：　　□合格　□不合格
可否组织正式验收：　　　　　　　□可　□否

监理单位名称：　　　　　总监理工程师(签字)：　　　　　日期：

注：本表由承包单位填报,建设单位、监理单位、承包单位各存一份。

表 2-25　竣工移交证书

工程名称		编　号	
地　点		日　期	

致：_____（建设单位）
　　兹证明承包单位_____施工的_____工程,已按施工合同的要求完成,并验收合格,即日起该工程移交建设单位管理,并进入保修期。

附件:单位工程验收记录

总监理工程师(签字)	监理单位(章)
日期：　　年　月　日	日期：　　年　月　日
建设单位代表(签字)	建设单位(章)
日期：　　年　月　日	日期：　　年　月　日

二、其他资料

1. 工作联系单（表 2-26）

（1）本表是在施工过程中，与监理有关各方工作联系用表。即与监理有关的某一方需向另一方或几方告知某一事项、或督促某项工作、或提出某项建议等，对方执行情况不需要书面回复时均用此表。

（2）"事由" 指需联系事项的主题。

（3）"内容" 指需联系事项的详细说明。要求内容完整、齐全，技术用语规范，文字简练明了。

（4）重要工作联系单应加盖单位公章，相关单位各存一份。

表 2-26 工作联系单

工程名称		编 号	
地 点		日 期	
致：_____（监理单位）			
事由：			
内容：			
发出单位名称：		单位负责人（签字）：	

2. 工程变更单（表 2-27）

（1）在施工过程中，建设单位、承包单位提出工程变更要求报项目监理机构的审核确认。

（2）"由于_____原因"：填写引发工程变更的原因。

（3）"兹提出_____工程变更"：填写要求工程变更的部位和变更题目。

（4）"附件"应包括工程变更的详细内容、变更的依据，工程变更对工程造价及工期的影响分析和影响程度，对工程项目功能、安全的影响分析，必要的附图等。

（5）"提出单位"指提出工程变更的单位。

（6）"一致意见"项目监理机构经与有关方面协商达成的一致意见。

（7）"建设单位代表"指建设单位派驻施工现场履行合同的代表。

（8）"设计单位代表"指设计单位派驻施工现场的设计代表或与工程变更内容有关专业的原设计人员或负责人。

（9）"监理单位代表"指项目总监理工程师。

（10）"承包单位代表"指项目经理。承包单位代表签字仅表示对有关工期、费用处理结果的签认和工程变更的收到。

（11）本表由提出单位填报，有关单位会签，并各存一份。

表 2-27　工程变更单

工程名称		编　号	
地　点		日　期	
致：_____（监理单位）			
由于_____的原因，兹提出_____工程变更（内容详见附件），请予以审批。			
附件：			
提出单位名称：		提出单位负责人（签字）：	
一致意见：			
建设单位代表（签字）： 日期：	设计单位代表（签字）： 日期：	监理单位代表（签字）： 日期：	承包单位代表（签字）： 日期：

第三章 园林工程施工管理资料

第一节 园林工程施工管理资料编制要求

一、工程概况表

(1) 工程概况表由施工单位填写,城建档案与施工单位各保存一份。

(2) 工程概况表是对工程基本情况的简述,应包括单位工程的一般情况、构造特征等。

(3) 表中工程名称应填写全称,与工程规划许可证、施工许可证及施工图纸中的工程名称一致。

(4) "备注"栏内可填写工程的独特特征,或采用的新技术、新产品、新工艺等。

二、施工现场质量管理检查记录

(1) 施工现场质量管理检查记录由施工单位填写,施工单位、监理单位各保存一份。

(2) 相关规定与要求

① 园林绿化工程项目经理部应建立质量责任制度及现场管理制度;健全质量管理体系;制定施工技术标准;审查资质证书、施工图、地质勘察资料和施工技术文件等。

② 施工单位应按规定填写施工现场质量管理检查记录,报项目总监理工程师(或建设单位项目负责人)检查,并作出检查结论。

③ 当项目管理有重大调整时,应重新填写。

(3) 表中各单位名称应填写全称,与合同或协议书中名称一致。检查结论应明确,不应采用模糊用语。

三、施工日志

(1) 施工日志由施工单位填写并保存。

(2) 相关规定与要求

① 施工日志是施工活动的原始记录,是编制施工文件、积累资料、总结施工经验的重要依据,由项目技术负责人具体负责。

② 施工日志应以单位工程为记载对象。从工程开工起至工程竣工止,按专业指定专人负责逐日记载,并保证内容真实、连续和完整。

③ 施工日志可以采用计算机录入、打印,也可按规定样式手工填写,并装订成册,必须保证字迹清晰、内容齐全,由各专业负责人签字。

(3) 施工日志填写内容应根据工程实际情况确定,一般应含工程概况、当日生产情况、技术质量安全情况、施工中发生的问题及处理情况、各专业配合情况、安全生产情况等。

四、工程质量事故资料

1. 工程质量事故调(勘)查记录

(1) 工程质量事故调(勘)查记录由调查人填写,各有关单位保存。

(2) 相关规定与要求　工程质量事故调(勘)查记录是当工程发生质量事故后,调查人员对工程质量事故进行初步调查了解和现场勘察所形成的记录。

(3) 注意事项

① 填写时应注明工程名称、调查时间、地点、参加人员及所属单位、联系方式等。

② "调(勘)查笔录"栏应填写工程质量事故发生时间、具体部位、原因等,并初步估计造成的损失。

③ 应采用影像的形式真实记录现场情况,作为分析事故的依据。

④ 本表应本着实事求是的原则填写,严禁弄虚作假。

2. 工程质量事故报告书

(1) 工程质量事故报告书由调查人填写,各有关单位保存。

(2) 相关规定与要求　凡工程发生重大质量事故,应按规定的要求进行记载。其中发生事故时间应记载年、月、日、时、分;估计造成损失,指因质量事故导致的返工、加固等费用,包括人工费、材料费和一定数额的管理费;事故情况,包括倒塌情况(整体倒塌或局部倒塌的部位)、损失情况(伤亡人数、损失程度、倒塌面积等);事故原因,包括设计原因(计算错误、构造不合理等)、施工原因(施工粗制滥造、材料、构配件或设备质量低劣等)、设计与施工的共同问题、不可抗力等;处理意见,包括现场处理情况、设计和施工的技术措施、主要责任者及处理结果。

(3) 本表应本着实事求是的原则填写,严禁弄虚作假。

第二节 园林工程施工管理资料常用表格

一、工程概况表（表3-1）

表3-1 工程概况表

工程名称			
曾用名			
工程地址			
开工日期		竣工日期	
工程档案登记号		规划用地许可证号	
工程规划许可证号		工程施工许可证号	
监督注册号		土地使用证号	
国有土地使用证号			
建设单位			
立项批准单位			
监理单位			
勘察单位			
设计单位			
施工单位			
竣工测量单位			
质量监督单位			
规划用地面积		规划绿化面积	
实施绿地面积		绿地率	
工程内容			
主要工程量			
主要施工工艺			
备注			

二、施工现场质量管理检查记录（表 3-2）

表 3-2 施工现场质量管理检查记录　　　　　　　　　　编号：

工程名称				
开工日期		施工许可证(开工证)		
建设单位		项目负责人		
设计单位		项目负责人		
监理单位		总监理工程师		
施工单位		项目经理		项目技术负责人	
序号	项目	内容		
1	现场质量管理制度	质量例会制度；月评比及奖罚制度；三检及交接检制度；质量与经济挂钩制度		
2	质量责任制	岗位责任制；设计交底会制；技术交底制；挂牌制度		
3	主要专业工种操作上岗证书	测量工、钢筋工、起重工、木工、混凝土工、电焊工、架子工有证		
4	分包方资质与分包单位的管理制度	审查报告及审查批准书××设××号		
5	施工图审查情况	地质勘探报告		
6	地质勘察资料	施工组织设计编制、审核、批准齐全		
7	施工组织设计、施工方案及审批	有模板、钢筋、混凝土灌注等20多种		
8	施工技术标准	有原材料及施工检验制度；抽测项目的检验计划		
9	工程质量检验制度	有管理制度和计量设施精确度及控制措施		
10	搅拌站及计量设置	钢材、砂石、水泥及玻璃、地面砖的管理办法		
11	现场材料、设备存放与管理	岗位责任制；设计交底会制；技术交底制；挂牌制度		
12				

检查结论：

施工现场质量管理制度完整，符合要求，工程质量有保障。

　　　总监理工程师：
（建设单位项目负责人）　　　　　　　　　　　　　　　　　　　　　　年　月　日

三、施工日志（表3-3）

表3-3 施工日志

时间	天气状况	风力	最高/最低温度	备注
白天				
夜间				

生产情况纪录：

技术质量安全工作纪录：(技术质量安全活动、检查评定验收、技术质量安全问题等)

参加验收人员 监理单位： （职务）等 施工单位： （职务）等

记录人		日期		年 月 日 星期

本表由施工单位填写并保存。

四、工程质量事故资料

1. 工程质量事故调（勘）查记录（表3-4）

表3-4 工程质量事故调（勘）查记录　　　　　编号：

工程名称			日期		年 月 日
调(勘)查时间			年 月 日 时 分至 时 分		
调(勘)查地点			区　（工程项目所在地）		
参加人员	单位	姓名	职务		电话
被调查人			项目经理		
陪同调(勘)查人员			质检员		
			质检员		
调(勘)查笔录					
现场证物照片			☑有 □无 共5张 共4页		
事故证据资料			☑有 □无 共8张 共5页		
被调查人签字			调(勘)查人		

2. 工程质量事故报告书（表3-5）

表3-5　工程质量事故报告书　　　　　　　　　　　　　编号：

工程名称		建设地点	
建设单位		设计单位	
施工单位		建设面积（m²） 工作量（元）	
工程类型		事故发生时间	
上报时间		经济损失	
事故经过、后果与原因分析：			
事故发生后采取的措施：			
事故责任单位、责任人及处理意见：			
负责人		报告人	年　月　日

第四章
园林土建工程资料

第一节 园林工程施工技术资料

一、施工组织设计

施工组织设计为统筹计划施工、科学组织管理、采用先进技术保证工程质量，实现安全文明生产，环保、节能、降耗，实现设计意图提供重要依据，是指导施工生产的技术性文件。单位工程施工组织设计应在施工前编制，并应依据施工组织设计编制部位、阶段和专项施工方案。

1. 编制内容

施工单位施工前，必须编制施工组织设计。

施工组织设计编制的内容主要包括工程概况、工程规模、工程特点、工期要求、参建单位等；施工平面布置图；施工部署及计划；施工总体部署及区段划分；进度计划安排及施工计划网络图；各种工、料、机、运计划表；质量目标设计及质量保证体系；施工方法及主要技术措施（包括冬、雨季施工措施及采用的新技术、新工艺、新材料、新设备等）。

施工组织设计还应编写安全、文明施工、环保以及节能、降耗措施。

2. 报审程序

施工组织设计编写完成后，填写工程技术文件审批表，并经施工单位有关部门会签、主管部门归纳汇总后，提出审核意见，报审批人进行审批，施工单位盖章方为有效，审批内容一般应包括内容完整性、施工指导性、技术先进性、经济合理性、实施可行性等方面，各相关部门根据职责把关；审批人应签署审查结论、盖章。在施工过程中如有较大的施工措施或方案变动时，还应有变动审批手续。

二、图纸会审记录

工程开工前，应由建设单位组织有关单位对施工图设计文件进行会审并按单位工程填写施工图设计文件会审记录。

(1) 图纸会审记录（表4-1）由施工单位整理、汇总后转签，建设单位、监理单位、施工单位、城建档案馆各保存一份。

(2) 相关规定与要求

① 监理、施工单位应将各自提出的图纸问题及意见，按专业整理、汇总后报建设单位，由建设单位提交设计单位做交底准备。

② 图纸会审应由建设单位组织设计、监理和施工单位技术负责人及有关人员参加。设计单位对各专业问题进行交底，施工单位负责将设计交底内容按专业汇总、整理，形成图纸会审记录。

③ 图纸会审记录应由建设、设计、监理和施工单位的项目相关负责人签认，形成正式图纸会审记录。不得擅自在会审记录上涂改或变更其内容。

(3) 注意事项：图纸会审记录应根据专业（绿化种植、园林建筑及附属设施、园林给排水、园林用电等）汇总、整理。图纸会审记录一经各方签字确认后即成为设计文件的一部分，是现场施工的依据。

表4-1 图纸会审记录　　　　　　编号：

工程名称		日期		年　月　日	
地点		专业名称			
序号	图号		图纸问题		图纸问题交底
1					
2					
3					
4					
签字栏	建设单位		监理单位	设计单位	施工单位

三、设计交底记录

设计交底由建设单位组织并整理、汇总设计交底要点及研讨问题的纪要，填写设计交底记录（表4-2），各单位主管负责人会签，并由建设单位盖章，形成正式设计文件。

四、技术交底记录

(1) 技术交底记录（表4-3）由施工单位填写，交底单位与接受交底单位各存一份，也应报送监理（建设）单位。

(2) 相关规定与要求

① 技术交底记录应包括施工组织设计交底、专项施工方案技术交底、分项工程施工技术交底、"四新"（新材料、新产品、新技术、新工艺）技术交底和设计变更技术交底。各项交底应有文字记录，交底双方签认应齐全。

② 重点和大型工程施工组织设计交底应由施工企业的技术负责人把主要设计要求、施

工措施以及重要事项对项目主要管理人员进行交底。其他工程施工组织设计交底应由项目技术负责人进行交底。

表 4-2　设计交底记录　　　　　　　　　　　　　　　　　　　编号：

工程名称				
交底日期	年　月　日		共　页　第　页	
交底要点及纪要：				
单位名称		签字		
建设单位			（建设单位章）	
设计单位				
监理单位				
施工单位				

注：由建设单位整理、汇总，与会单位会签，城建档案馆、建设单位、监理单位、施工单位保存。

③ 专项施工方案技术交底应由项目专业技术负责人负责，根据专项施工方案对专业工长进行交底。

④ 分项工程施工技术交底应由专业工长对专业施工班组（或专业分包）进行交底。

⑤ "四新"技术交底应由项目技术负责人组织有关专业人员编制。

⑥ 设计变更技术交底应由项目技术部门根据变更要求，并结合具体施工步骤、措施及注意事项等对专业工长进行交底。

(3) 注意事项　交底内容应有可操作性和针对性，能够切实地指导施工，不允许出现"详见×××规程"之类的语言。

(4) 当作分项工程施工技术交底时，应填写"分项工程名称"栏，其他技术交底可不填写。

表 4-3　技术交底记录　　　　　　　　　　　　　　　　　　　编号：

工程名称		交底日期	
施工单位		分项工程名称	
交底提要			
交底内容：			
审核人		交底人	接受交底人

五、工程洽商记录

(1) 工程洽商记录（表 4-4）由施工单位、建设单位或监理单位其中一方发出，经各方签认后存档。

(2) 相关规定与要求

① 工程洽商记录应分专业办理，内容翔实，必要时应附图，并逐条注明应修改图纸的图号。工程洽商记录应由设计专业负责人以及建设、监理和施工单位的相关负责人签认。

② 设计单位如委托建设（监理）单位办理签认，应办理委托手续。

(3) 注意事项　不同专业的洽商应分别办理，不得办理在同一份上。签字应齐全，签字栏内只能填写人员姓名，不得另写其他意见。

(4) 其他相关规定

① 本表由建设单位、监理单位、施工单位、城建档案馆各保存一份。

② 涉及图纸修改的必须注明应修改图纸的图号。

③ 不可将不同专业的工程洽商填在同一份洽商表上。

④ "专业名称"栏应按专业填写，如绿化种植、园林建筑及附属设施、园林给排水、园林用电等。

表 4-4　工程洽商记录　　　　　　　　　　　编号：

工程名称		专业名称		
提出单位名称		日期		年　月　日
内容摘要				
序号	图号	洽商内容		
1				
2				
3				
签字栏	建设单位	监理单位	设计单位	施工单位

六、工程设计变更通知单

(1) 工程设计变更通知单（表 4-5）由设计单位发出，签认后建设单位、监理单位、施工单位、城建档案馆各保存一份。

(2) 相关规定与要求　设计单位应及时下达设计变更通知单，内容翔实，必要时应附图，并逐条注明应修改图纸的图号。设计变更通知单应由设计专业负责人以及建设（监理）和施工单位的相关负责人签认。

(3) 注意事项　设计变更是施工图纸的补充和修改的记载，是现场施工的依据。由建设

表 4-5　工程设计变更通知单　　　　　　　　　　　　编号：

工程名称		专业名称		
设计单位名称		日期		年　月　日
序号	图号	变更内容		
1				
2				
3				
4				
5				
6				
签字栏	建设单位	设计单位		施工单位

单位提出设计变更时，必须经设计单位同意。不同专业的设计变更应分别办理，不得办理在同一份设计变更通知单上。

(4) 其他相关规定

① 涉及图纸修改的必须注明应修改图纸的图号。

② 不可将不同专业的设计变更办理在同一份变更上。

③ "专业名称"栏应按专业填写，如绿化种植、园林建筑及附属设施、园林给排水、园林用电等。

七、安全交底记录

(1) 安全交底记录（表 4-6）由施工单位填写，交底单位与接受交底单位各存一份，也应报监理（建设）单位。

(2) 交底内容应有针对性和可操作性，能够切实指导安全施工，不允许出现"详见××规程"之类的语言。

表 4-6　安全交底记录　　　　　　　　　　　　　　　编号：

工程名称			
施工单位			
交底项目(部位)		交底日期	年　月　日
交底内容(安全措施及注意事项)：			
交底人	接受交底班组长		接受交底人数

注：本表由施工单位填写并保存（一式三份，班组一份、安全员一份、交底人一份）。

第二节 园林工程测量记录

一、园林工程测量记录内容及要求

（1）监理工程师应检查承包单位测量人员的岗位证书及测量设备的检定证书。

（2）承包单位应将测量方案、边界坐标、水准点、导线点等引测及工程定点放线成果，填写施工测量定点放线报验表，并附工程定点放线自检合格记录，报项目监理部查验。

（3）项目监理部应进行必要的复核，符合设计要求及有关规定，由监理工程师签认。

（4）专业监理工程师应复核控制桩的校核成果、控制桩的保护措施及平面控制网、高程控制网和临时水准点的测量成果。

二、园林工程测量记录常用表格

园林工程定位测量记录由施工单位填写，随相应的施工测量定点放线报验表进入资料流程。

（1）相关规定与要求

① 测绘部门根据建设工程规划许可证（附件）批准的建筑工程位置及标高依据，测定出建筑的红线桩。

② 施工测量单位应依据测绘部门提供的放线成果、红线桩及场地控制网（或建筑物控制网），测定建筑物位置、主控轴线及尺寸、建筑物±0.0000绝对高程，并填写工程定位测量记录报监理单位审核。

③ 工程定位测量完成后，应由建设单位报请政府具有相关资质的测绘部门申请验线，填写建设工程验线申请表报请政府测绘部门验线。

（2）测量记录填写

工程定位测量记录填写时，应注意以下事项。

① "委托单位"填写建设单位或总承包单位。

② "平面坐标依据、高程依据"由测绘院或建设单位提供，应以规划部门钉桩坐标为标准，在填写时应注明点位编号，且与交桩资料中的点位编号一致。

本表由建设单位、监理单位、施工单位、城建档案馆各保存一份。

第三节 园林土建工程物资资料

一、园林土建工程物资资料内容和要求

园林绿化工程施工物资资料管理流程如图4-1所示。

第四章 园林土建工程资料

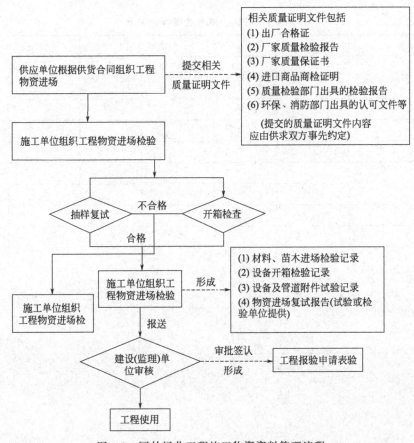

图 4-1 园林绿化工程施工物资资料管理流程

二、园林土建工程物资资料

1. 材料、苗木进场检验记录

（1）材料、苗木进场检验记录（表 4-7）由直接使用所检查的材料及苗木的施工单位填写，随相应的工程物资进场报验表进入资料流程。

（2）附件收集

① 材料、苗木进场报验须附资料应根据具体情况（合同、规范、施工方案等要求）由监理、施工单位和材料、苗木供应单位预先协商确定。

② 由施工单位负责收集附件（包括产品出厂合格证、性能检测报告、出厂试验报告、进场复试报告、材料构配件进场检验记录、产品备案文件、进口产品的中文说明和商检证等）。

（3）相关规定与要求　工程材料、苗木进场后，施工单位应及时组织相关人员检查外观、数量及供货单位提供的质量证明文件等，合格后填写本表。

（4）检验记录填写时的注意事项

① 工程名称填写应准确、统一，日期应准确。

② 材料或苗木名称、规格、数量、检验项目和结果等填写应规范、准确。

③ 检验结论及相关人员签字应清晰可辨认，严禁其他人代签。

表 4-7 材料、苗木进场检验记录   编号：

序号	工程名称				检验日期			
	名称	规格型号	进场数量	生产厂家 合格证号	检验项目	检验结果	备注

检验结论：

签字栏	建设（监理）单位	施工单位		
		专业质检员	专业工长	检验员

注：本表由施工单位填写，施工单位、监理单位各保存一份。

④ 按规定应进场复试的工程物资，必须在进场检查验收合格后取样复试。

2. 产品合格证

设备、原材料、半成品和成品的质量必须合格，供货单位应按产品的相关技术标准、检验要求提供出厂质量合格证明或试验单，凡属于承压容器或设备（如锅炉）等，必须在出厂质量证明文件中提供焊缝无损探伤检测报告。须采取技术措施的，应满足有关规范标准规定，并经有关技术负责人批准（有批准手续方可使用）。

合格证、试（检）验单的抄件（复印件）应注明原件存放处，并有抄件人、抄件（复印）单位的签字和盖章。

各供货单位应提供下列产品合格证，其他产品合格证或质量证明书的形式，以供货方提供的为准。

（1）半成品钢筋出厂合格证（表 4-8）。

（2）预拌混凝土出厂合格证（表 4-9）。

(3) 预制混凝土构件出厂合格证（表 4-10）。

(4) 钢构件出厂合格证（表 4-11）。

表 4-8　半成品钢筋出厂合格证　　　　　　　　　　　　　编号：

工程名称									
委托单位				合格证编号					
供应总量				加工日期		年　月　日	供货日期		年　月　日
序号	级别规格	供应数量/t		进货日期	生产厂家	原材报告编号	复试报告编号		使用部位
1									
2									
3									
结论及备注： 合格。									
技术负责人				填表人			加工单位（盖章）		
出厂日期						年　月　日			

注：本表由半成品钢筋供应单位提供，建设单位、施工单位各保存一份。

3. 材料试验报告

对于不需要进场复试的物资，由供货单位直接提供。对于需要进场复试的物资，由施工单位及时取样后送至规定的检测单位，检测单位根据相关标准进行试验后填写材料试验报告并返还施工单位。

工程材料试验报告应由具备相应资质等级的检测单位出具，作为各种相关材料的附件进入资料流程。填写试验报告时，工程名称、使用部位及代表数量应准确并符合规范要求（对应检测单位告之的准确内容）。返还的试验报告应重点保存。

本书仅列数种材料试验的专用表格，凡按规范要求须做进场复试的物资，应按其相应专用复试表格填写，未规定专用复试表格的，应按材料试验报告（通用）（表 4-12）填写。

(1) 园林绿化工程施工材料试验报告（通用）的格式见表 4-12。

表 4-9 预拌混凝土出厂合格证　　　　　　编号：

订货单位					
工程名称			浇筑部位		
强度等级		抗渗等级			
供应日期	年 月 日		配合比编号		
原材料名称					
品种及规格					
试验编号					
每组抗压强度值/MPa	试验编号	强度值	试验编号	强度值	备注
每组抗压强度值/MPa					
抗冻试验	试验编号	抗冻等级	试验编号	抗冻等级	
抗渗等级	试验编号	抗渗等级	试验编号	抗渗等级	
抗压强度统计结果					结论
组数	平均值/MPa		最小值/MPa		
技术负责人		填表人			供货单位(盖章)
填表日期		年 月 日			

注：本表由预拌混凝土供应单位提供，建设单位、施工单位各保存一份。

表4-10 预制混凝土构件出厂合格证

编号：

工程名称						
构件名称						
构件规格型号			构件编号			
混凝土浇筑日期	年 月 日		构件出厂日期	年 月 日	养护方法	
混凝土设计强度等级			构件出厂日期			
主筋牌号、种类		直径		试验编号		
预应力筋牌号、种类		标准抗拉强度				
预应力张拉记录编号						
质量情况(外观、结构性能等)：						
结论及备注：						
技术负责人		填表人			企业等级：	
签发日期		年 月 日			供货单位 (盖章)	

注：本表由预制混凝土构件单位提供，建设单位、施工单位各保存一份。

表4-11 钢构件出厂合格证

编号：

工程名称		合格证编号		
委托单位				
供应总量		加工日期 年 月 日	出厂日期	年 月 日
序号	构件名称	构件编号	构件单重/kg	构件数量	使用部位
1					
2					

附：

结论及备注：

技术负责人	填表人	供货单位 (盖章)
填表日期	年 月 日	

注：本表由钢构件供应单位提供，建设单位、施工单位各保存一份。

表 4-12 材料试验报告(通用)

编号:
试验编号:
委托编号:

工程名称及部位				试样编号	
委托单位				试验委托人	
材料名称及规格				产地、厂别	
代表数量		试验日期	年 月 日	试验日期	年 月 日
要求试验项目及说明:					
试验结果:					
批准		审核		试验	
试验单位					
报告日期			年 月 日		

注:本表由试验单位提供,建设单位、施工单位各保存一份。

(2) 水泥试验报告(表 4-13)

表 4-13 水泥试验报告

编号:
试验编号:
委托编号:

工程名称			试样编号			
委托单位			试验委托人			
品种及强度等级		出厂编号及日期	年 月 日	厂别牌号		
代表数量(t)		来样日期	年 月 日	试验日期	年 月 日	
试验结果	一、细度	1.80μm 方孔筛余量				
		2.0 比表面积				
	二、标准稠度用水量					
	三、凝结时间	初凝		终凝		
	四、安定性	雷氏法		饼法		
	五、其他					
	六、强度/MPa					
		抗折强度		抗压强度		
		单块值	平均值	单块值	平均值	单块值	平均值	单块值	平均值
结论:						
批准		审核		试验		
试验单位						
报告日期			年 月 日			

注:本表由检测单位提供,建设单位、施工单位、城建档案馆各保存一份。

(3) 砌筑砖（砌块）试验报告（表4-14）。

表4-14 砌筑砖（砌块）试验报告

编号：
试验编号：
委托编号：

工程名称				试样编号		
委托单位				试验委托人		
种类				生产厂		
强度等级		密度等级		代表数量		
试件处理日期	年 月 日	来样日期	年 月 日	试验日期		年 月 日
试验结果	烧结普通砖					
	抗压强度平均值 f /MPa	变异系数 $\delta \leqslant 0.21$		变异系数 $\delta > 0.21$		
		强度标准值 f'_k/MPa		单块最小强度值 f'_k/MPa		
	轻骨料混凝土小型空心砌块					
	砌块抗压强度/MPa			砌块干燥表观密度/(kg/m³)		
	平均值		最小值			
	其他种类					
	抗压强度/MPa				抗折强度/MPa	
	平均值	最小值	大面		条面	
			平均值	最小值	平均值	最小值

结论：

批准		审核		试验	
试验单位					
报告日期	年 月 日				

注：本表由检测单位提供，建设单位、施工单位、城建档案馆各保存一份。

(4) 砂试验报告（表4-15）。

表4-15 砂试验报告

编号：
试验编号：
委托编号：

工程名称			试样编号		
委托单位			试验委托人		
种类	中砂		产地		
代表数量/t		来样日期	年 月 日	试验日期	年 月 日
试验结果	一、筛分析		1. 细度模数(μ_f)		
			2. 级配区域		
	二、含泥量/%				
	三、泥块含量/%				
	四、表观密度/(kg/m³)				
	五、堆积密度/(kg/m³)				
	六、碱活性指标				
	七、其他				
结论：					
批准		审核		试验	
试验单位					
报告日期			年 月 日		

注：本表由检测单位提供，建设单位、施工单位、城建档案馆各保存一份。

(5) 碎（卵）石试验报告（表 4-16）。

表 4-16　碎（卵）石试验报告

编号：

试验编号：

委托编号：

工程名称			试样编号		
委托单位			试验委托人		
种类、产地			公称粒径		
代表数量/t		来样日期	年　月　日	试验日期	年　月　日
试验结果	一、筛分析		级配情况	□连续粒级　　□单粒级	
			级配结果		
			最大粒径		
	二、含泥量/%				
	三、泥块含量/%				
	四、针、片状颗粒含量/%				
	五、压碎指标值/(kg/m³)				
	六、表观密度/(kg/m³)				
	七、堆积密度/(kg/m³)				
	八、碱活性指标				
	九、其他				
结论：					
批准		审核		试验	
试验单位					
报告日期			年　月　日		

注：本表由检测单位提供，建设单位、施工单位、城建档案馆各保存一份

(6) 混凝土外加剂试验报告（表4-17）。

表4-17 混凝土外加剂试验报告

编号：
试验编号：
委托编号：

工程名称			试样编号			
委托单位			试验委托人			
产品名称		生产厂		生产日期	年 月 日	
代表数量		来样日期	年 月 日	试验日期	年 月 日	
试验项目	必试项目					
试验结果	一、钢筋锈蚀					
	二、凝结时间差					
	三、28d抗压强度比					
	四、减水率					
结论：						
批准			审核		试验	
试验单位						
报告日期			年 月 日			

注：本表由检测单位提供，建设单位、施工单位、城建档案馆各保存一份。

(7) 混凝土掺和料试验报告（表 4-18）。

表 4-18 混凝土掺和料试验报告

编号：

试验编号：

委托编号：

工程名称				试样编号			
委托单位				试验委托人			
种类			等级		产地		
代表数量			来样日期	年 月 日	试验日期	年 月 日	
试验项目	必试项目						
试验结果	一、细度	(1)0.045mm 方孔筛筛余/%					
		(2)80μm 方孔筛筛余/%					
	二、需水量比/%						
	三、吸铵值/%						
	四、28d 水泥胶砂抗压强度比/%						
	五、烧失量/%						
	六、其他/%						

结论：

批准		审核		试验	
试验单位					
报告日期			年 月 日		

注：本表由检测单位提供，建设单位、施工单位保存一份。

(8) 钢材试验报告（表 4-19）。

表 4-19　钢材试验报告

编号：
试验编号：
委托编号：

工程名称						试件编号			
委托单位						试验委托人			
钢材种类			规格或牌号			生产厂			
代表数量			来样日期	年　月　日		试验日期		年　月　日	
公称直径/厚度						公称面积			
试验结果	力学性能试验结果							弯曲性能	
	屈服点/MPa	抗拉强度/MPa	伸长率/%	σ_b实/σ_s标	σ_s实/σ_b标	弯心直径	角度		结果
	化学分析							其他：	
	分析编号	化学成分/%							
		C	Si	Mn	P	S	Ceq		
结论：									
批准			审核			试验			
试验单位									
报告日期					年　月　日				

注：本表由检测单位提供，建设单位、施工单位保存一份。

(9)锚具检验报告(表4-20)。

表4-20 锚具检验报告

编号:
试验编号:
委托编号:

工程名称				
委托单位				
产品规格		材质		
合格证号		生产厂家		
检验项目	检验内容与质量标准要求		检验结果	
夹片	硬度			
锚具	硬度			
连接器	硬度			
静载锚固性能试验	效率系数:			
	实测极限拉力:			
结论:				
批准人	审核人		试验人	
试验单位				
报告日期	年 月 日(章)			

注:本表由检测单位提供,建设单位、施工单位保存。

(10) 防水涂料试验报告（表 4-21）

表 4-21　防水涂料试验报告　　　　　　　　　　编号：

试验编号：

委托编号：

工程名称及部位			试件编号		
委托单位			试验委托人		
种类、型号			生产厂		
代表数量		来样日期	年　月　日	试验日期	年　月　日
试验结果	一、延伸性/mm				
	二、拉伸强度/MPa				
	三、断裂伸长率/%				
	四、黏结性/MPa				
	五、耐热度	温度/℃		评定	
	六、不透水性				
	七、柔韧性（低温）	温度/℃		评定	
	八、固体含量				
	九、其他				

结论：

批准		审核		试验	
试验单位					
报告日期			年　月　日		

注：本表由检测单位提供，建设单位、施工单位、城建档案馆各保存一份。

(11) 防水卷材试验报告（表 4-22）。

表 4-22 防水卷材试验报告

编号：
试验编号：
委托编号：

工程名称及部位				试件编号		
委托单位				试验委托人		
种类、型号、牌号				生产厂		
代表数量		来样日期	年 月 日	试验日期	年 月 日	
试验结果	一、拉力试验	1. 拉力	纵		横	
		2. 拉伸强度	纵		横	
	二、断裂伸长率（延伸率）		纵		横	
	三、耐热度	温度/℃			评定	
	四、不透水性					
	五、柔韧性（低温柔性、低温弯折性）	温度/℃			评定	
	六、其他					
结论：						
批准		审核			试验	
试验单位						
报告日期			年 月 日			

注：本表由检测单位提供，建设单位、施工单位、城建档案馆各保存一份。

(12) 轻骨料试验报告（表 4-23）。

表 4-23 轻骨料试验报告　　　　　编号：
　　　　　　　　　　　　　　　　　试验编号：
　　　　　　　　　　　　　　　　　委托编号：

工程名称				试件编号		
委托单位				试验委托人		
种类		密度等级		产地		
代表数量		来样日期	年 月 日	试验日期	年 月 日	
试验结果	一、延伸性	1. 细度模数（细骨料）				
		2. 最大粒径（粗骨料）				
		3. 级配情况		□连续粒级		□单粒级
	二、表观密度/kg/m³					
	三、堆积密度/kg/m³					
	四、筒压强度/MPa					
	五、吸水率/%			4.2%		
	六、粒型系数			/		
	七、其他			含泥量：0.4%；孔隙率：43%		
结论：						
批准		审核		试验		
试验单位						
报告日期			年 月 日			

注：本表由检测单位提供，施工单位、建设单位各保存一份。

4. 见证记录

(1) 有见证取样和送检见证人备案书　工程开工前，应确定由具有资格的专业人员作为本工程的有见证取样和送检见证人，报质量监督机构和具备见证取样试验资质的试验室备案，填写《有见证取样和送检见证人员备案书》（表4-24）。

① 见证人一般由施工现场监理人员担任，施工和材料、设备供应单位人员不得担任。

② 工程见证人确定后，由建设单位向该工程的监督机构递交备案书进行备案，如见证人更换须办理变更备案手续。

③ 所取试样必须送到有相应资质的检测单位。

④ 注意事项：见证人员必须由责任心强、工作认真的人担任。

表4-24　有见证取样和送检见证人员备案书　　　　　编号：

质量监督站	
试验室	
有见证取样和送检印章 （盖章）	见证人签字
建设单位名称(盖章)： 年　月　日	
监理单位名称(盖章)： 年　月　日	
施工项目负责人(签字)： 年　月　日	

注：本表由建设（监理）单位填写，建设单位、试验单位、见证单位、监督站、施工单位各保存一份。

(2) 见证记录　施工单位应按本工程的实际工程量依据规定的检验频率和抽样密度制订见证取样计划，作为现场见证取样的依据。施工过程中所做的见证取样均应填写《见证记录》（表4-25）。

① 施工过程中，见证人应按照事先编写的见证取样和送检计划进行取样及送检。

② 试样上应做好样品名称、取样部位、取样日期等标识。

③ 单位工程有见证取样和送检次数不得少于试验总数的30%，试验总次数在10次以下的不得少于两次。

④ 送检试样应在施工现场随机抽取，不得另外制作。

⑤ 注意事项：见证人员及检测人员必须对所取试样实事求是，不许弄虚作假，否则应承担相应的法律责任。

表 4-25　见证记录　　　　　　　　　　　　　　　　编号：

工程名称				
施工单位		取样部位		
样品名称		样品规格/mm		样品数量
取样地点		取样日期		年　月　日
见证记录：				
有见证取样和送检印章		（盖章）		
取样人签字				
见证人签字				
送样日期		年　月　日		

注：本表由监理（建设）单位填写，建设单位、监理单位、试验单位、施工单位各保存一份。

(3) 有见证试验汇总表

① 工程完工后由施工单位对所做的见证试验进行汇总，填写《有见证试验汇总表》（表4-26）。

② 本表由施工单位填写，并纳入工程档案。见证取样及送检资料必须真实、完整，符合规定，不得伪造、涂改或丢失。如试验不合格，应加倍取样复试。

③ 有见证试验汇总表填写时的注意事项："试验项目"指规范规定的应进行见证取样的某一项目；"应送试总次数"指该项目按照设计、规范、相关标准要求及试验计划应送检的总次数；"有见证取样次数"指该项目按见证取样要求的实际试验次数。

5. 质量证明文件及复试报告表

工程完工后由施工单位汇总填写主要设备、原材料、构配件质量证明文件及复试报告汇总表（表4-27）。

表 4-26　有见证试验汇总表　　　　　　　　　　　编号：

工程名称				
施工单位				
建设单位				
监理单位				
见证试验室名称			见证人	
试验项目	应送试总次数	有见证试验资料	不合格次数	备注
混凝土试块				
砌筑砂浆试块				
钢筋原材				
直螺纹钢筋接头				
SBS 防水卷材				
负责人		填表人	汇总日期	年月日

注：本表由施工单位填写，城建档案馆、建设单位、监理单位、施工单位各保存一份。

表 4-27　主要设备、原材料、构配件质量证明文件及复试报告汇总表

工程名称							
施工单位							
材料(设备)名称	规格型号	生产厂家	单位	数量	使用部位	出厂证明或试验、检测单编号	出厂或试验日期
路缘石							年　月　日
弯缘石							年　月　日
弯缘石							年　月　日
混凝土							年　月　日
混凝土路面砖							年　月　日
技术负责人				填表人			

注：本表由供应填写，城建档案馆、建设单位、施工单位各保存一份。

第四节 园林土建工程施工记录

一、工程施工通用记录

1. 隐蔽工程检查记录

隐蔽工程检查记录适用于各专业。隐蔽工程是指被下道工序施工所隐蔽的工程项目。隐蔽工程在隐蔽前必须进行隐蔽工程质量检查,由施工项目负责人组织施工人员、质检人员并请监理(建设)单位代表参加,必要时请设计人员参加,建(构)筑物的验槽、基础、主体结构的验收,应通知质量监督站参加。

(1)隐蔽工程检查记录(表4-28)由施工单位填写后随各相应检验批进入资料流程,无对应检验批的直接报送监理单位审批后各相关单位存档。

(2)相关规定与要求

① 工程名称、隐检项目、隐检部位及日期必须填写准确。

② 隐检依据、主要材料名称及规格型号应准确,尤其对设计变更、洽商等容易遗漏的资料应填写完全。

③ 隐检内容应填写规范,必须符合各种规程、规范的要求。

④ 签字应完整,严禁他人代签。

表4-28 隐蔽工程检查记录

工程名称				
隐检项目		隐检日期		年 月 日
隐检部位				
隐检依据:施工图图号_____,设计变更/洽商(编号_____)及有关国家现行标准等。				
主要材料名称及规格/型号:_____				
隐检内容: 申报人:				
检查意见:				
检查结论: □同意隐蔽 □不同意,修改后进行复查				
复查结论:				
复查人: 复查日期:				
签字栏	建设(监理)单位	施工单位		
^		专业技术负责人	专业质检员	专业工长
^				

(3) 注意事项

① 审核意见应明确,将隐检内容是否符合要求表述清楚。

② 复查结论主要是针对上一次隐检出现的问题进行复查,因此要对质量问题整改的结果描述清楚。

(4) 本表由施工单位填报,建设单位、施工单位、城建档案馆各保存一份。

2. 工程预检记录

(1) 园林绿化工程预检记录(表 4-29)由施工单位填写和保存。预检记录随相应检验批进入资料流程。

(2) 相关规定与要求 依据现行施工规范,对于其他涉及工程结构安全、实体质量及人身安全须做质量预控的重要工序,做好质量预控,做好预检记录。

(3) 注意事项

① 检查意见应明确,一次验收未通过的要注明质量问题,并提出复查要求。

② 复查意见主要是针对上一次验收的问题进行的,因此应把质量问题改正的情况表述清楚。

表 4-29 工程预检记录   编号:

工程名称		预检项目		
预检部位		检查日期	年 月 日	

依据:施工图纸(施工图纸号_____)、设计变更/洽商(编号_____)和有关规范、规程。

主要材料或设备:_____规格/型号:_____

预检内容:

检查意见:

复查结论:

复查人: 复查日期:

施工单位			
专业技术负责人	专业质检员		专业工长

（4）预检记录是对施工重要工序进行的预先质量控制检查记录，为通用施工记录，适用于各专业，预检项目及内容见表4-30。

表4-30 预检项目及内容

模板工程	几何尺寸、轴线、标高、预埋件及预留孔位置、模板牢固性、接缝严密性、起拱情况、清扫口留置、模内清理、脱模剂涂刷、止水要求等；节点做法，放样检查
设备基础和预制构件安装	设备基础位置、混凝土强度、标高、几何尺寸、预留孔、预埋件等
地上混凝土结构施工缝	留置方法、位置和接槎的处理等
管道预留孔洞	预留孔洞的尺寸、位置、标高等
管道预埋套管(预埋件)	预埋套管(预埋件)的规格、型式、尺寸、位置、标高等

3. 施工检查记录

（1）园林绿化工程施工检查记录（通用）（表4-31）由施工单位填写并保存。

（2）相关规定与要求 按照现行规范要求应进行施工检查的重要工序，且无与其相适应的施工记录表格的，施工检查记录（通用）适用于各专业。

（3）注意事项 对隐蔽检查记录和预检记录不适用的其他重要工序，应按照现行规范要求进行施工质量检查，填写施工检查记录（通用）。

（4）施工检查记录应附有相关图表、图片、照片及说明文件等。

表4-31 施工检查记录（通用）   编号：

工程名称		检查项目		
检查部位		检查日期	年	月 日
检查依据：				
检查内容：				
检查结论：				
复查意见：				
复查人：			复查日期：	
施工单位				
专业技术负责人		专业质检员		专业工长

4. 交接检查记录

（1）工程施工交接检查记录（表4-32）由施工单位填写，并由移交、接收和见证单位各保存一份。见证单位应根据实际检查情况，汇总移交和接收单位的意见并形成见证单位意见。

（2）相关规定与要求　分项（分部）工程完成，在不同专业施工单位之间应进行工程交接，并进行专业交接检查，填写交接检查记录。移交单位、接收单位和见证单位共同对移交工程进行验收，并对质量情况、遗留问题、工序要求、成品保护、注意事项等进行记录，填写交接检查记录。

（3）注意事项　"见证单位"栏内应填写施工总承包单位质量技术部门，参与移交及接受的部门不得作为见证单位。

表4-32　交接检查记录　　　　　　　　　　　　编号：

工程名称				
移交单位名称		接收单位名称		
交接部位		检查日期		年　月　日
交接内容：				
检查结果：				
复查意见：				
复查人：			复查日期：	
见证单位意见：				
	见证单位名称			
签字栏	移交单位	接收单位		见证单位

二、园林建筑及附属设施施工记录

1. 地基验槽检查记录

(1) 地基验槽检查记录（表 4-33）应由总包单位填报，经各相关单位转签后存档。

(2) 附件收集 相关设计图纸、设计变更洽商及地质勘察报告等。

(3) 地基验槽检查记录的相关规定和要求

① 新建建筑物应进行施工验槽，检查内容包括基坑位置、平面尺寸、持力层核查、基底绝对高程标高（相对标高和绝对高程）、基坑土质及地下水位等，有基础桩、桩支护或桩基的工程还应有工程桩的检查。

② 地基验槽检查记录应由建设、勘察、设计、监理、施工单位共同验收签认。

③ 地基需处理时，应由勘察、设计部门提出处理意见。

(4) 注意事项 对于进行地基处理的基槽，还应再进行一次地基验槽记录，并将地基处理的洽商编号、处理方法等注明。

(5) 本表由施工单位填写，建设单位、施工单位、城建档案馆各保存一份。

表 4-33 地基验槽检查记录　　　　　　编号：

工程名称		验槽日期		年　月　日
验槽部位				
依据：施工图纸(施工图纸号_____)、 设计变更/洽商(编号_____)及有关规范、规程。				
验槽内容： 　　　　　　　　　　　　　　　　　　　　　　　　　　　　　　申报人：				
检查意见： 				
检查结论：□无异常，可进行下道工序　□需要地基处理				

签字栏(公章)	建设单位	监理单位	设计单位	勘察单位	施工单位

2. 地基处理记录

(1) 地基处理记录（表 4-34）应由总包单位填报，经各相关单位转签后存档。

(2) 附件收集　相关设计图纸、设计变更洽商及地质勘察报告等。

(3) 相关规定与要求　地基需处理时，应由勘察、设计部门提出处理意见，施工单位应依据勘察、设计单位提出的处理意见进行地基处理，完工后填写地基处理记录，内容包括地基处理方式、处理部位、深度及处理结果等。地基处理完成后，应报请勘察、设计、监理部门复查。

(4) 当地基处理范围较大、内容较多、用文字描述较困难时，应附简图示意。如勘察、设计单位委托监理单位进行复查时，应有书面的委托记录。

(5) 本表由施工单位填写，建设单位、施工单位、城建档案馆各保存一份。

表 4-34　地基处理记录　　　　　　　　　　编号：

工程名称		日期	年　月　日
处理依据及方式：			
处理部位及深度（或用简图表示）			
处理结果：			
检查意见：			
			检查日期：　年　月　日
签字栏(公章)	监理单位	设计单位	勘察单位	施工单位		
				专业技术负责人	专业质检员	专业工长

3. 地基钎探记录

(1) 地基钎探记录（表 4-35）由施工单位填写，建设单位、施工单位、城建档案馆各保存一份。

(2) 相关规定与要求　钎探记录用于检验浅土层（如基槽）的均匀性，确定基槽的容许承载力及检验填土质量。钎探前应绘制钎探点平面布置图,确定钎探点布置及顺序编号。按照钎探图及有关规定进行钎探并记录。

(3)注意事项 地基钎探记录必须真实有效,严禁弄虚作假。

表 4-35 地基钎探记录　　　　　　　　　　　　编号:

工程名称				钎探日期			年　月　日	
套锤重			自由落距			钎径		
顺序号	各步锤击数							备注
	0～30cm	30～60cm	60～90cm	90～120cm	12～150cm	150～180cm	180～210cm	
施工单位								
专业技术负责人			专业工长			记录人		

4. 混凝土浇灌申请书

(1)混凝土浇灌申请书(表 4-36)由施工单位填写并保存,在浇筑混凝土之前报送监理单位备案。

表 4-36 混凝土浇灌申请书　　　　　　　　　　编号:

工程名称		申请浇灌日期		年　月　日　时
申请浇灌部位		申请方量/m³		
技术要求		强度等级		
搅拌方式(搅拌站名称)		申请人		
依据:施工图纸(施工图纸号_____)、设计变更/洽商				
(编号_____)和有关规范、规程。				
施工准备检查		专业工长(质量员)签字		备注
1. 隐检情况:□已 □未完成隐检				
2. 预检情况:□已 □未完成隐检				
3. 水电预埋情况:□已 □未完成并隐检				
4. 施工组织情况:□已 □未完备				
5. 机械设备准备情况:□已 □未准备				
6. 保温及有关准备:□已 □未准备				
审批意见:				
审批结论:□同意浇筑　□整改后自行浇筑　□不同意,整改后重新申请				
审批人:　　审批日期:　年　月　日				
施工单位名称:				

(2) 相关规定与要求 正式浇筑混凝土前,施工单位应检查各项准备工作(如钢筋、模板工程检查,水电预埋检查,材料、设备及其他准备等),自检合格填写混凝土浇灌申请书报监理单位后方可浇筑混凝土。

(3) 申请书"技术要求"栏应依据混凝土合同的具体要求填写。

(4) 本表由施工单位填报和保存,并交给监理单位一份备案。

5. 混凝土施工记录

(1) 预拌混凝土运输单(表4-37)。

表 4-37(a) 预拌混凝土运输单(正本) 编号:

合同编号			任务单号			
供应单位			生产日期		年 月 日	
工程名称及施工部位						
委托单位		混凝土强度等级			抗渗等级	
混凝土输送方式		其他技术要求				
本车供应方量(m³)		要求坍落度/mm			实测坍落度/mm	
配合比编号		配合比比例				
运距/km		车号		车次		司机
出站时间		到场时间			现场出罐温度/℃	
开始浇筑时间		完成浇筑时间			现场坍落度/mm	
签字栏	现场验收人		混凝土供应单位质量员		混凝土供应单位签发人	

(2) 混凝土开盘鉴定(表4-38)。

① 混凝土开盘鉴定由施工单位填写。

② 相关规定与要求 采用预拌混凝土的,应对首次使用的混凝土配合比在混凝土出厂前,由混凝土供应单位自行组织相关人员进行开盘鉴定。采用现场搅拌混凝土的,应由施工单位组织监理单位、搅拌机组、混凝土试配单位进行开盘鉴定工作,共同认定试验室签发的混凝土配合比确定的组成材料是否与现场施工所用材料相符,以及混凝土拌和物性能是否满足设计要求和施工需要。

③ 注意事项 表中各项都应根据实际情况填写清楚、齐全,要有明确的鉴定结果和结论,签字齐全。

④ 采用现场搅拌混凝土的工程,本表由施工单位填写并保存。

表4-37（b） 预拌混凝土运输单（副本）　　　　　　编号：

合同编号			任务单号			
供应单位			生产日期		年　月　日	
工程名称及施工部位						
委托单位		混凝土强度等级		抗渗等级		
混凝土输送方式		其他技术要求				
本车供应方量/m³		要求坍落度/mm		实测坍落度/mm		
配合比编号		配合比比例				
运距/km		车号		车次		司机
出站时间		到场时间		现场出罐温度/℃		
开始浇筑时间		完成浇筑时间		现场坍落度/mm		
签字栏	现场验收人		混凝土供应单位质量员		混凝土供应单位签发人	

表4-38　混凝土开盘鉴定　　　　　　编号：

工程名称及部位				鉴定编号		
施工单位				搅拌方式		
强度等级				要求坍落度		
配合比编号				试配单位		
水灰比				砂率/%		
材料名称		水泥	沙	石	水	外加剂	掺和料
每m³用料/kg							
调整后每盘用料/kg				砂含水率		石含水率	
鉴定结果	鉴定项目	混凝土拌合物性能			混凝土试块抗压强度/MPa	原材料与申请单是否相符	
		坍落度	保水性	粘聚性			
	设计						
	实测						
鉴定结论：							
建设（监理）单位		混凝土试配单位负		施工单位技术负责人		搅拌机组负责人	
鉴定日期				年　月　日			

（3）混凝土浇灌记录（表 4-39）。凡现场浇筑 C20（含 C20）强度等级以上混凝土，须按规定填写混凝土浇灌记录。混凝土浇灌记录由施工单位填写并保存。

表 4-39　混凝土浇灌记录　　　　　　　　　　　　　　　　　　　　　　　编号：

工程名称						
施工单位						
浇筑部位				设计强度等级		
浇筑开始时间		年　月　日　时		浇筑完成时间		年　月　日　时
天气情况		室外气温		混凝土完成数量		
混凝土来源		生产厂家			供料强度等级	
		运输单编号				
		自拌混凝土开盘鉴定编号				
实测坍落度		出盘温度			入模温度	
试件留置种类、数量、编号						
混凝土浇筑中出现的问题及处理情况						
施工负责人				填表人		

注：本表由施工单位填写并保存。

（4）混凝土养护测温记录（表 4-40）。当需要对混凝土进行养护测温（如大体积混凝土和冬期、高温季节混凝土施工）时，应按规定填写混凝土养护测温记录。

表 4-40　混凝土养护测温记录　　　　　　　　　　　　　　　　　　　　　　编号：

工程名称				施工单位					
测温部位			测温方式			养护方法			
测温时间			大气温度/℃	入模温度/℃	孔号	各测温孔温度/℃	$t_{中}-t_{上}/℃$	$t_{中}-t_{下}/℃$	$T_{气}-t_{上}/℃$	内外最大温差记录	裂缝宽度/mm
月	日	时									
审核意见：											
施工单位											
专业技术负责人				专业工长				测温员			

① 混凝土养护测温记录由施工单位填写并保存。

② 大体积混凝土施工应有混凝土入模时大气温度、养护温度的记录,内外温差记录和裂缝检查记录。

③ 大体积混凝土养护测温应附测温点布置图,包括测温点的布置位置、深度等。大体积混凝土养护测温记录应真实、及时,严禁弄虚作假。

6. 预应力筋张拉记录

预应力筋张拉记录包括预应力筋张拉数据记录、预应力筋张拉记录（一）（表4-41）、预应力筋张拉记录（二）（表4-42）预应力张拉孔道灌浆记录（表4-43）。

（1）预应力筋张拉记录　应由专业施工人员负责填写。预应力筋张拉记录（一）包括预应力施工部位、预应力筋规格、平面示意图、张拉程序、应力记录、伸长量等。预应力筋张拉记录（二）要对每根预应力筋的张拉实测值进行记录。后张法预应力张拉施工应执行见证管理,按规定要求做见证张拉记录。

（2）有黏结预应力结构灌浆记录　后张法有黏结预应力筋张拉后应及时灌浆,并做灌浆记录,记录内容包括灌浆孔状况、水泥浆配比状况、灌浆压力、灌浆量,并有灌浆点简图和编号等。

（3）预应力张拉原始施工记录应归档保存。

（4）预应力工程施工记录由相应资质的专业施工单位负责提供。

（5）本表由施工单位填写,建设单位、施工单位、城建档案馆各保存一份。

表4-41　预应力筋张拉记录（一）　　　　　　　编号：

工程名称		张拉日期		年　月　日	
施工部位		预应力筋规格及抗拉强度			
预应力张拉程序及平面示意图： □有　　　　□无附页					
预应力筋计算伸长值：					
预应力筋伸长值范围：					
施工单位					
专业技术负责人		专业质检员		记录人	

表 4-42 预应力筋张拉记录（二）　　　　　　　编号：

工程名称								
施工部位								
张拉顺序编号	计算值	预应力筋张拉伸长实测值/cm						备注
		一端张拉			另一端张拉		总伸长	
		原长 L_1	实长 L_2	伸长 ΔL	原长 L'_1	实长 L'_2	伸长 $\Delta L'$	
□有　□无见证		见证单位				见证单位		
施工单位								
专业技术负责人		专业质检员				记录人		

表 4-43 预应力张拉孔道灌浆记录　　　　　　　编号：

工程名称					
施工单位			施工日期		年　月　日
构件部位	预应力桥梁		构件部位编号		
水泥品种及强度等级			外加剂		
水灰比			水泥浆稠度		
孔道编号	起止时间/(时/分)	压力/MPa	大气温度/℃	净浆温度/℃	压浆强度/28d
备注：					
监理(建设)单位	施工单位				
	专业技术负责人		专业质检员		记录人

注：本表由施工单位填写，城建档案馆、建设单位、施工单位各保存一份。

7. 构件吊装记录（表 4-44）

（1）构件吊装记录由施工单位填写并保存。

（2）相关规定与要求　预制混凝土结构构件、大型钢、木构件吊装应有构件吊装记录，吊装记录内容包括构件型号名称、安装位置、外观检查、楼板堵孔、清理、锚固、构件支点的搁置与搭接长度、接头处理、固定方法、标高、垂直偏差等，应符合设计和现行标准、规范要求。

（3）注意事项 "备注"栏内应填写吊装过程中出现的问题、处理措施及质量情况等。对于重要部位或大型构件的吊装工程，应有专项安全交底。

表4-44 构件吊装记录　　　　　　　　　　　　　　　编号：

工程名称						
使用部位		屋面	吊装日期		年　月　日	
序号	构建名称及编号	安装位置	安装检查			备注
			搁置与搭接尺寸	接头（点）处理	固定方法	标高检查
结论：						
施工单位						
专业技术负责人		专业质检员		记录人		

8. 防水工程试水检查记录（表4-45）

防水工程试水检查记录由施工单位填写，建设单位、施工单位各保存一份。其相关规定与要求如下。

表4-45 防水工程试水检查记录　　　　　　　　　　　编号：

工程名称					
检查部位			检查日期	年　月　日	
检查方式	□第一次蓄水　□第二次蓄水		蓄水日期	从　年　月　日8时	
	□淋水　□雨期观察			至　年　月　日8时	
检查方法及内容：					
检查结果：					
复查意见：					
复查人：				复查日期：	
签字栏	建设（监理）单位	施工单位			
		专业技术负责人	专业质检员	专业工长	

① 凡有防水要求的房间应有防水层及装修后的蓄水检查记录。检查内容包括蓄水方式、蓄水时间、蓄水深度、水落口及边缘封堵情况和有无渗漏现象等。

② 屋面工程完毕后，应对细部构造（屋面天沟、檐沟、檐口、泛水、水落口、变形缝、伸出屋面的管道等）、接缝处和保护层进行雨期观察或淋水、蓄水检查。淋水试验持续时间不得少于2h；做蓄水检查的屋面、蓄水时间不得少于24h。

9. 钢结构工程施工记录

钢结构工程施工记录由多项内容组成，具体形式由施工单位自行确定。其相关说明如下：

（1）构件吊装记录　钢结构吊装应有构件吊装记录，吊装记录内容包括构件名称、安装位置、搁置与搭接长度、接头处理、固定方法、标高等。

（2）焊接材料烘焙记录　焊接材料在使用前，应按规定进行烘焙，有烘焙记录。

（3）钢结构安装施工记录　钢结构主要受力构件安装完成后应进行钢架（梁）垂直度、侧向弯曲度、安装、钢柱垂直度等偏差检查，并做施工记录。

钢结构主体结构在形成空间刚度单元并连接固定后，应做整体垂直度和整体平面弯曲度的安装允许偏差检查，并做施工记录。

（4）钢网架（索膜）结构总拼及屋面工程完成后，应对其挠度值和其他安装偏差值进行测量，并做施工偏差检查记录。

（5）钢结构安装施工记录应由有相应资质的专业施工单位负责提供。

（6）当工程中有网架（索膜）工程安装作业时，专业施工单位须提供网架（索膜）施工记录，具体形式由施工单位自行确定。

第五节　园林建筑及附属设备施工试验记录

一、基础施工试验记录

园林建筑及附属设备基础施工试验记录应包括以下方面的资料：

（1）锚杆、土钉锁定力（抗拔力）试验报告由检测单位提供。

（2）地基承载力检验报告由检测单位提供。

（3）土工击实试验报告（表4-46）与回填土试验报告（应附图）（表4-47）应由具备相应资质等级的检测单位出具。试验报告出具后随相关资料进入资料流程，并符合以下规定和要求。

① 土方工程应测定土的最大干密度和最优含水量，确定最小干密度控制值，由试验单位出具土工击实试验报告。

② 应按规范要求绘制回填土取点平面示意图，分段、分层（步）取样做回填土试验报告。

③ 注意事项：按照设计要求和规范规定应做施工试验，且无相应施工试验表格的，应填写施工试验记录（通用）。

④ 土工击实试验报告和回填土试验报告由建设单位、施工单位、城建档案馆各保存一份。

表 4-46 土工击实试验报告

编号：
试验编号：
委托编号：

工程名称及部位		试样编号	
委托单位		试验委托人	
结构类型		填土部位	
要求压实系数(λ_c)		土样种类	
来样日期	年 月 日	试验日期	年 月 日
试验结果			

结论：

批准		审核		试验	
试验单位					
报告日期		年 月 日			

注：本表由建设单位、施工单位、城建档案馆各保存一份。

表 4-47 回填土试验报告（应附图）

编号：
试验编号：
委托编号：

工程名称及施工部位											
委托单位					试验委托人						
要求压实系数 λ_c					回填土种类						
控制干密度 ρ_d					试验日期				年 月 日		
项目		1	2	3	4	5	6	7	8	9	10
	实测干密度/(g/cm³)										
	实测压实系数										

取样位置简图(附图)

结论：

批准		审核		试验	
试验单位					
报告日期		年 月 日			

二、钢筋施工试验记录

(1) 钢筋机械连接形式检验报告由技术提供单位提供。

(2) 钢筋连接工艺检验（评定）报告由检测单位提供。

(3) 钢筋连接试验的规定和要求

① 用于焊接、机械连接钢筋的力学性能和工艺性能应符合现行国家标准。

② 正式焊（连）接工程开始前及施工过程中，应对每批进场钢筋，在现场条件下进行工艺检验，工艺检验合格后方可进行焊接或机械连接的施工。

③ 钢筋焊接接头或焊接制品、机械连接接头应按焊（连）接类型和验收批的划分进行质量验收并现场取样复试。

④ 承重结构工程中的钢筋连接接头应按规定实行有见证取样和送检的管理。

⑤ 采用机械连接接头形式施工时，技术提供单位应提交由有相应资质等级的检测机构出具的型式检验报告。

⑥ 焊（连）接工人必须具有有效的岗位证书。

(4) 钢筋连接试验项目、组批原则及规定见表4-48。

表4-48 钢筋连接试验项目、组批原则及规定

材料名称及相关标准、规范代号、必试试验项目	组批原则及取样规定
钢筋电阻点焊；抗拉强度；抗剪强度；弯曲试验	班前焊（工艺性能试验）在工程开工或每批钢筋正式焊接前，应进行现场条件下的焊接性能试验。试验合格后方可正式生产。试件数量及要求如下。 (1) 钢筋焊接骨架 ① 凡钢筋级别、直径及尺寸相同的焊接骨架应视为同一类制品，且每200件为一验收批，一周内不足200件的也按一批计 ② 试件应从成品中切取，当所切取试件的尺寸小于规定的试件尺寸时，或受力钢筋大于8mm时，可在生产过程中焊接试验网片，从中切取试件。 ③ 由几种钢筋直径组合的焊接骨架，应对每种组合做力学性能检验；热轧钢筋焊点，应作抗剪试验，试件数量3件；冷拔低碳钢丝焊点，应作抗剪试验及对较小的钢筋作拉伸试验，试件数量3件。 (2) 钢筋焊接网 ① 凡钢筋级别、直径及尺寸相同的焊接骨架应视为同一类制品，每批不应大于30t，或每200件为一验收批，一周内不足30t或200件的也按一批计。 ② 试件应从成品中切取；冷轧带肋钢筋或冷拔低碳钢丝焊点应作拉伸试验，试件数量1件，横向试件数量1件；冷轧带肋钢筋焊点应作弯曲试验，纵向试件数量1件，横向试件数量1件；热轧钢筋、冷轧带肋钢筋或冷拔低碳钢丝的焊点应作抗剪试验，试件数量3件

续表

材料名称及相关标准、规范代号、必试试验项目	组批原则及取样规定
钢筋闪光对焊接头； 抗拉强度；弯曲试验	(1) 同一台班内由同一焊工完成的 300 个同级别、同直径钢筋焊接接头应作为一批，当同一台班内，可在一周内累计计算；累计仍不足 300 个接头，也按一批计。 (2) 力学性能试验时，试件应从成品中随机切取 6 个试件，其中 3 个做拉伸试验，3 个做弯曲试验。 (3) 焊接等长预应力钢筋（包括螺钉杆与钢筋）可按生产条件作模拟试件。 (4) 螺钉端杆接头可只做拉伸试验。 (5) 若初试结果不符合要求时，可随机再取双倍数量试件进行复试。 (6) 当模拟试件试验结果不符合要求时，复试应从成品中切取，其数量和要求与初试时相同
钢筋电弧焊接头； 抗拉强度	(1) 工厂焊接条件下：同钢筋级别 300 个接头为一验收批。 (2) 在现场安装条件下：每 1～2 层楼同接头形式、同钢筋级别的接头 300 个为一验收批，不足 300 个接头也按一批计。 (3) 试件应从成品中随机切取 3 个接头进行拉伸试验。 (4) 装配式结构节点的焊接接头可按生产条件制造模拟试件。 (5) 当初试结果不符合要求时，应再取 6 个试件进行复试
钢筋电渣压力 焊接头；抗拉强度	(1) 一般构筑物中以 300 个同级别钢筋接头作为一验收批。 (2) 在现浇钢筋混凝土多层结构中，应以每一楼层或施工区段中 300 个同级别钢筋接头作为一验收批，不足 300 个接头也按一批计。 (3) 试件应从成品中随机切取 3 个接头进行拉伸试验。 (4) 当初试结果不符合要求时，应再取 6 个试件进行复试
钢筋气压焊接头；抗拉强度； 弯曲试验（梁、板的水平筋连接）	(1) 一般构筑物中以 300 个接头作为一验收批。 (2) 在现浇钢筋混凝土房屋结构中，同一楼层中应以 300 个接头作为一验收批，不足 300 个接头也按一批计。 (3) 试件应从成品中随机切取 3 个接头进行拉伸试验；在梁、板的水平钢筋连接中，应另切取 3 个试件做弯曲试验。 (4) 当初试结果不符合要求时，应再取 6 个试件进行复试

续表

材料名称及相关标准、规范代号、必试试验项目	组批原则及取样规定
预埋件钢筋 T 型接头； 抗拉强度	（1）预埋件钢筋埋弧压力焊，同类型预埋件一周内累计每 300 件时为一验收批，不足 300 个接头也按一批计，每批随机切取 3 个试件做拉伸试验。 （2）当初试结果不符合规定时，再取 6 个试件进行复试
机械连接包括：（1）锥螺纹连接； （2）套筒挤压接头； （3）镦粗直螺纹钢筋接头； （GB 50204—2015） （JGJ 107—2010） 抗拉强度	（1）工艺检验　在正式施工前，按同批钢筋、同种机械连接形式的接头试件不少于 3 根，同时对应切取接头试件的母材，进行抗拉强度试验。 （2）现场检验　接头的现场检验按验收批进行，同一施工条件下采用同一批材料的同等级、同形式、同规格的接头每 500 个为一验收批，不足 500 个接头也按一批计，每一验收批必须在工程结构中随机切取 3 个试件做单向拉伸试验，在现场连续检验 10 个验收批，其全部单向拉伸试件一次抽样均合格时，验收批接头数量可扩大一倍

（5）钢筋连接试验报告（表 4-49）由具备相应资质等级的检测单位出具后随相关资料进入资料流程。在试验报告中应写明工程名称、钢筋级别、接头类型、规格、代表数量、检验形式、试验数据、试验日期以及试验结果。

表 4-49　钢筋连接试验报告

编号：
试验编号：
委托编号：

工程名称及部位				试件编号			
委托单位				试验委托人			
接头类型				检验形式			
设计要求接头性能等级				代表数量			
连接钢种类及牌号			公称直径		原材试验编号		
操作人			来样日期	年 月 日	试验日期	年 月 日	
接头试件			母材试件		弯曲试件		
公称面积 /mm²	抗拉强度 /MPa	断裂特征及位置	实测面积 /mm²	抗拉强度 /MPa	弯心直径	角度	结果	备注
结论：								
批准		审核			试验			
试验单位								
报告日期			年　月　日					

三、砂浆施工试验记录

园林绿化工程砂浆施工时，应进行试验。其试验记录应包括砂浆配合比申请单（表4-50）、砂浆抗压强度试验报告（表4-51）、砂浆配合比通知单（表4-52）和砂浆试块强度统计、评定记录（表4-53）。

表4-50 砂浆配合比申请单   编号：

委托编号：

工程名称				
砂浆种类		强度等级		
水泥品种		厂别		
水泥进场日期	年 月 日	试验编号		
砂产地	粗细级别	试验编号		
掺和料种类		外加剂种类		
申请日期	年 月 日	要求使用日期	年 月 日	

表4-51 砂浆抗压强度试验报告   编号：

试验编号：

委托编号：

工程名称及部位									
委托单位					试件编号				
					试验委托人				
砂浆种类		强度等级			稠度				
水泥品种及强度等级					试验编号				
矿产地及种类					试验编号				
掺和料种类					外加剂种类				
配合比编号									
试件成型日期		年 月 日	要求龄期			要求试验日期		年 月 日	
养护方法			试件收到日期		年 月 日	试件制作人			
试验结束	试压日期	实际龄期/d	试件边长/mm	受压面积/mm²	荷载/kN		抗压强度/MPa	达设计强度等级/%	
					单块	平均			
结论：									
批准			审核			试验			
试验单位									
报告日期			年 月 日						

注：本表建设单位、施工单位各保存一份。

表 4-52 砂浆配合比通知单　　　　　　　　　　　　配合比编号：

试配编号：

强度等级			试验日期		年　月　日	
配合比						
材料名称	水泥		砂	白灰膏	掺和料	外加剂
每立方米用量 /(kg/m³)						
比例						
注：砂浆稠度为 70~100mm，白灰膏稠度为 120mm±5mm。						
批准		审核		试验		
试验单位						
报告日期			年　月　日			

注：本表由施工单位保存。

(1) 砂浆配合比及抗压强度报告由具有相应资质等级的检测单位出具后随相关资料进入资料流程。

(2) 相关规定与要求

① 应有配合比申请单和试验室签发的配合比通知单。

② 应有按规定留置的龄期为 28d 标养试块的抗压强度试验报告。

③ 承重结构的砌筑砂浆试块应按规定实行有见证取样和送检。

④ 砂浆试块的留置数量及必试项目符合规定要求。

⑤ 应有单位工程砌筑砂浆试块抗压强度统计、评定记录，按同一类型、同一强度等级砂浆为一验收批统计，评定方法及合格标准如下。

$$f_{2,m} \geqslant f_2$$

$$f_{2,\min} \geqslant 0.75 f_2$$

式中　$f_{2,m}$——同一验收批中砂浆立方体抗压强度各组平均值，MPa；

$f_{2,\min}$——同一验收批中砂浆立方体抗压强度最小一组值，MPa；

f_2——验收批砂浆设计强度等级所对应的立方体抗压强度，MPa。

⑥ 当施工出现下列情况时，可采用非破损或微破损检验方法对砂浆和砌体强度进行原位检测，推定砂浆强度，并应有法定单位出具的检测报告：砂浆试块缺乏代表性或试块数量不足；对砂浆试块的试验结果有怀疑或有争议。砂浆试块的试验结果，已判定不能满足设计要求，需要确定砂浆和砌体强度。

(3) 砂浆配合比申请单、通知单由施工单位保存。砂浆抗压强度试验报告由施工单位、建设单位各保存一份。砂浆试块强度统计、评定记录由施工单位、建设单位、城建档案馆各保存一份。

表 4-53　砂浆试块强度统计、评定记录　　　　编号：

工程名称				强度等级		
施工单位				养护		
统计期				结构部位		
试块组数（n）	强度标准 f_2 /MPa	平均值 $f_{2,m}$ /MPa		最小值 $f_{2,\text{mim}}$ /MPa		
每组强度值 /MPa						
判定式						
结果						
结论：						
批准		审核			统计	
报告日期			年　月　日			

四、混凝土施工试验记录

(1) 园林绿化工程混凝土施工的规定和要求

① 现场搅拌混凝土应有配合比申请单和配合比通知单，预拌混凝土应有试验室签发的配合比通知单。

② 应有按规定留置龄期为 28d 标养试块和相应数量同条件养护试块的抗压强度试验报告，冬施还应有受冻临界强度试块和转常温试块的抗压强度试验报告。

③ 抗渗混凝土、特种混凝土除应具备上述资料外应有专项试验报告。

④ 应有单位工程混凝土试块抗压强度统计、评定记录，统计、评定方法及合格标准应符合规范要求。

⑤ 抗压强度试块、抗渗性能试块的留置数量及必试项目应符合规范要求。

⑥ 承重结构的混凝土抗压强度试块，应按规定实行有见证取样和送检。

⑦ 结构由有不合格批混凝土组成的，或未按规定留置试块的，应有结构处理的相关资

料；需要检测的，应有相应资质检测机构检测报告，并有设计单位出具的认可文件。

⑧ 潮湿环境、直接与水接触的混凝土工程和外部有供碱环境并处于潮湿环境的混凝土工程，应预防混凝土碱骨料反应，并按有关规定执行，有相关检测报告。

(2) 混凝土施工试验记录应包括混凝土配合比申请单（表4-54）、混凝土配合比通知单（表4-55）、混凝土抗压强度试验报告（表4-56）、混凝土试块强度统计、评定记录（表4-57）、混凝土抗渗试验报告（表4-58）。

表4-54 混凝土配合比申请单 编号：
委托编号：

工程名称及部位					
委托单位			试验委托人		
设计强度等级			要求坍落度、扩展度		
其他技术要求					
搅拌方法		浇捣方法		养护方法	
水泥品种及强度等级		厂别牌号		试验编号	
矿产地及种类			试验编号		
石子产地及种类		最大粒径		试验编号	
外加剂名称			试验编号		
掺和料名称			试验编号		
申请日期	年 月 日	使用日期	年 月 日	联系电话	

表4-55 混凝土配合比通知单 配合比编号：
试配编号：

强度等级		水胶比	0.43	水灰比	0.46	砂率	42%
材料名称	水泥	水	砂	石	外加剂	掺和料	其他
每m³用量/(kg/m³)							
每盘用量/kg							
混凝土碱含量/(kg/m³)		注：此栏只有在有关规定及要求需要填写时才填写。					
说明：本配合比所使用材料均为干材料，使用单位应根据材料含水情况随时调整。							
批准		审核			试验		
报告日期			年 月 日				

注：本表由施工单位保存。

① 试验报告由具备相应资质等级的检测单位出具后随相关资料进入资料流程。混凝土试块强度统计、评定记录由施工单位填写并报送建设单位、监理单位备案。

② 在试验记录中，各项相关表格必须按规定填写，严禁弄虚作假。

③ 混凝土配合比申请单、通知单由施工单位保存。混凝土抗压强度试验报告由施工单位、建设单位各保存一份。混凝土试块强度统计、评定记录和混凝土抗渗试验报告由施工单位、建设单位和城建档案馆各保存一份。

表 4-56 混凝土抗压强度试验报告

编号：
试验编号：
委托编号：

工程名称及部位				试件编号					
委托单位				试验委托人					
设计强度等级				实测坍落度、扩展度					
水泥晶种及强度等级				试验编号					
砂种类				试验编号					
石种类、公称直径				试验编号					
外加剂名称				试验编号					
掺合料名称				试验编号					
配合比编号									
成型日期			要求龄期			要求试验日期			
养护方法			收到日期			试块制作人			
试验结果	试验日期	实际龄期/d	试件边长/mm	受压面积/mm²	荷载/kN		平均抗压强度/MPa	折合150mm立方体抗压强度/MPa	达到设计强度等级/%
					单块值	平均值			
结论：									
批准			审核			试验			
试验单位									
报告日期					年　月　日				

注：本表由建设单位、施工单位各保存一份。

表 4-57　混凝土试块强度统计、评定记录　　　　　　　编号：

工程名称						强度等级			
施工单位						养护方法			
统计期		年 月 日至 年 月 日				结构部位			
试块组数(n)	强度标准值 f_{max}/MPa		平均值 mf_{cu}/MPa		标准值 S_{cu}/MPa	最小值 $f_{cu,min}$/MPa		合格判定系数	
								λ_1	λ_2
每组强度值/MPa									
评定结果	□统计方法					□非统计方法			
	$0.90f_{cu,k}$		$mf_{cu}-\lambda_1 \times Sf_{cu}$		$\lambda_2 \times f_{cu,k}$	$1.15f_{cu,k}$		$0.95f_{cu,k}$	
结论：									
批准			审核			试验			
报告日期						年 月 日			

注：本表建设单位、施工单位、城建档案馆各保存一份。

五、饰面砖黏结强度试验报告

(1) 饰面砖黏结强度试验报告（表 4-59）由具备相应资质等级的检测单位出具后随相关资料进入资料流程。

(2) 饰面砖黏结强度试验时的相关规定和要求

① 地面回填应有土工击实试验报告和回填土试验报告。

② 装饰装修工程使用的砂浆和混凝土应有配合比通知单和强度试验报告；有抗渗要求的还应有抗渗试验报告。

③ 外墙饰面砖粘贴前和施工过程中，应在相同基层上做样板件，并对样板件的饰面砖黏接强度进行检验，有饰面砖黏结强度检验报告，检验方法和结果判定应符合相关标准规定。

④ 后置埋件应有现场抗拔试验报告。

(3) 本表由建设单位、施工单位各保存一份。

表 4-58 混凝土抗渗试验报告　　　　　　　　　　　　编号：
　　　　　　　　　　　　　　　　　　　　　　　　　试验编号：
　　　　　　　　　　　　　　　　　　　　　　　　　委托编号：

工程名称及施工部位		试件编号		
委托单位		委托试验人		
抗渗等级		配合比编号		
强度等级	C30	养护条件		收样日期	
成型日期		龄期		试验日期	
试验情况：					
结论：					
批准		审核		试验	
试验单位					
报告日期			年　月　日		

表 4-59 饰面砖黏结强度试验报告　　　　　　　　　　编号：
　　　　　　　　　　　　　　　　　　　　　　　　　试验编号：
　　　　　　　　　　　　　　　　　　　　　　　　　委托编号

工程名称				试验编号			
委托单位				试验委托人			
饰面砖品种及牌号				粘贴层次			
饰面砖生产厂及规格				粘贴面积/mm²			
基本材料		黏结材料		砂浆	黏结剂		
抽样部位		龄期/d		施工日期		年　月　日	
检验类型		环境温度/℃		试验日期		年　月　日	
仪器及编号							
序号	试件尺寸/mm		受力面积/mm²	拉力/kN	黏结强度/MPa	破坏状态(序号)	平均强度/MPa
	长	宽					
1							
2							
3							
结论：							
批准			审核		试验		
试验单位							
报告日期				年　月　日			

六、钢结构施工试验记录

园林绿化工程钢结构施工试验记录主要包括超声波探伤报告（表 4-60）、超声波探伤记录（表 4-61）、钢构件射线探伤报告（表 4-62）等内容。其试验报告由具备相应资质等级的检测单位出具后，随相关资料进入资料流程。施工单位、建设单位和城建档案馆应各保存一份。

表 4-60　超声波探伤报告　　　　　编号：

试验编号：

委托编号：

工程名称及施工部位			
委托单位		试验委托人	
构件名称		检测部位	
材质		板厚/mm	
仪器型号		试块	
偶合剂		表面补偿	
表面状况		执行处理	
探头型号		探伤日期	
探伤结果及说明：			
批准	审核		试验
试验单位			
报告日期		年　月　日	

注：本表由建设单位、施工单位、城建档案馆各保存一份。

(1) 高强度螺栓连接应有摩擦面抗滑移系数检验报告及复试报告，并实行有见证取样和送检。

(2) 施工首次使用的钢材、焊接材料、焊接方法、焊后热处理等应进行焊接工艺评定，有焊接工艺评定报告。

(3) 设计要求的一、二级焊缝应做缺陷检验，由有相应资质等级的检测单位出具超声波、射线探伤检验报告或磁粉探伤报告。

(4) 建筑安全等级为一级、跨度 40m 及以上的公共建筑钢网架结构，且设计有要求的，应对其焊（螺栓）球节点进行节点承载力试验，并实行有见证取样和送检。

(5) 钢结构工程所使用的防腐、防火涂料应做涂层厚度检测，其中防火涂层应有相应资质的检测单位检测报告。

(6) 焊（连）接工人必须持有效的岗位证书。

钢结构工程施工试验记录中的磁粉探伤报告、高强螺栓抗滑移系数检测报告、钢结构涂料厚度检测报告均由检测单位提供。

表4-61 超声波探伤记录　　　　　　　　　　　　　编号：

工程名称									
施工单位					报告编号				
					检测单位				
焊缝编号(两侧)	板厚/mm	折射角/(°)	回波高度	X/mm	D/mm	Z/mm	L/mm	级别	评定结果	备注
批准		审核			检测				
								检测单位名称(公章)	
报告日期				年　月　日					

注：本表由建设单位、施工单位、城建档案馆各保存一份。

表4-62 钢构件射线探伤报告　　　　　　　　　　编号：
　　　　　　　　　　　　　　　　　　　　　　　　试验编号：
　　　　　　　　　　　　　　　　　　　　　　　　委托编号：

工程名称					
委托单位			试验委托人		
检测单位			检测部位		
构件名称			构件编号		
材　质		焊缝形式		板厚/mm	
仪器型号		增感方式		像质计型号	
胶片型号		像质指数		黑度	
评定标准		焊缝全长		探伤比例与长度	
探伤结果：					
底片编号	黑度	灵能度	主要缺陷	评级	示意图
批准		审核		试验	
试验单位					
报告日期			年　月　日		

第五章

园林给排水工程资料

第一节 园林给水排水工程施工物资资料

一、设备开箱检查记录

(1) 设备进场后，由建设（监理）单位、施工单位、供货单位共同开箱检验，并做记录，填写设备开箱检查记录（表 5-1）。

(2) 相关规定与要求

表 5-1 设备开箱检查记录　　　　　　编号：

设备名称			检查日期		年　月　日	
规格型号			总数量			
装箱单号			检验数量			
检验记录	包装情况					
	随机文件					
	备件与附件					
	外观情况					
	测试情况					
检验结果	缺、损附备件明细表					
	序号	名称	规格	单位	数量	备注
结论：						
签字栏	建设(监理)单位		施工单位		供应单位	

① 设备必须具有中文质量合格证明文件，规格、型号及性能检测报告应符合国家技术标准或设计要求，进场时应做检查验收。

② 主要器具和设备必须有完整的安装使用说明书。

③ 在运输、保管和施工过程中，应采取有效措施防止损坏或腐蚀。

(3) 注意事项

① 对于检验结果出现的缺损附件、备件要列出明细，待供应单位更换后重新验收。

② 测试情况的填写应依据专项施工及验收规范相关条目，如"离心水泵"可参照《风机、压缩机、泵安装工程施工及验收规范》（GB 50275—2010）。

(4) 本表由施工单位填写并保存。

二、设备及管道附件试验记录

(1) 设备、阀门、密闭水箱（罐）等设备安装前，均应按规定进行强度试验，并做记录，填写设备及管道附件试验记录（表5-2）。

表5-2 设备及管道附件试验记录   编号：

工程名称					使用部位			
设备/管道附件名称	型号	规格	编号	介质	强度试验		严密性试验/MPa	试验结果
					压力/MPa	停压时间		
闸阀								
蝶阀								
施工单位			试验			试验日期		年　月　日

注：本表由施工单位填写，建设单位、施工单位各保存一份。

(2) 相关规定与要求

① 阀门安装前，应做强度和严密性试验。试验应在每批（同牌号、同型号、同规格）数量中抽查10%，且不少于一个。对于安装在主干管上起切断作用的闭路阀门，应逐个做强度和严密性试验。

② 敞口水箱的满水试验和密闭水箱（罐）的水压试验必须符合设计与本规范的规定。

(3) 注意事项

① 如设计要求与规范规定不一致，应及时向设计提出由设计作出决定，也可选用相对严格的要求。

② 阀门型号要与铭牌保持一致。

③ 每批（同牌号、同型号、同规格）数量中抽查10%，每一个阀门的试验情况均应填写到表格中，编号不同。

④ 试验时需严格执行试验压力和停压时间的规定，避免试压对阀门造成破坏；试验前

要核对好阀门承压能力，确保无误。

⑤ 电控、电动等构造复杂的特种阀门，试压前要取得供应单位的认可，并严格按其规定做法进行试压。

⑥ 表格中凡需填写的地方，均按实际试验情况如实填写。

第二节 园林给水排水工程施工记录

一、园林给水排水工程施工记录内容和要求

（1）焊接材料烘焙记录（表5-3）由施工单位填写并保存。

表 5-3 焊接材料烘焙记录

工程名称										
焊材牌号			规格/mm			焊材厂家				
钢材材质			烘焙方法			烘焙日期			年 月 日	
序号	施焊部位	烘焙数量/kg	烘焙要求					保温要求		备注
			烘干温度/℃	烘干时间/h	实际烘焙			降至恒温/℃	保温时间/h	
					烘焙日期	从 时 分	至 时 分			
说明：										
施工单位										
专业技术负责人			专业质检员			记录人				

（2）相关规定与要求 按照规范、标准和工艺文件等规定须进行烘焙的焊接材料应在使用前按要求进行烘焙，并填写烘焙记录。烘焙记录内容包括烘焙方法、烘干温度、要求烘干时间、实际烘焙时间和保温要求等。

二、园林给水排水工程施工记录常用表格

第三节 园林给水排水工程施工试验记录

一、施工试验记录(通用)

(1)施工试验记录(通用) 由具备相应资质等级的检测单位出具报告,并随相关资料进入资料流程(后续各种专用试验记录与此相同),并做好记录(表5-4)。

表5-4 施工试验记录(通用)

编号:

试验编号:

委托编号:

工程名称及施工部位				
试验日期	年 月 日		规格、材质	
试验项目: (根据具体施工试验具体填写)				
试验项目: (根据具体施工试验具体填写)				
结论:				
批准		审核		试验
试验单位				
报告日期		年 月 日		

(2)相关规定与要求

① 在完成检验批的过程中,由施工单位试验负责人负责制作施工试验试件,之后送至具备相应检测资质等级的检测单位进行试验。

② 检测单位根据相关标准对送检的试件进行试验后,出具试验报告并将报告返还施工单位。

③ 施工单位将施工试验记录作为检验批报验的附件,随检验批资料进入审批程序(后续各种专用试验记录形成流程相同)。

(3)注意事项 按照设计要求和规范规定应做施工试验,且无相应施工试验表格的,应填写施工试验记录(通用);采用新技术、新工艺及特殊工艺时,对施工试验方法和试验数据进行记录,应填写施工试验记录(通用)。

(4)本表由建设单位、施工单位、城建档案馆各保存一份。

二、设备单机试运转记录

(1) 给水系统设备、热水系统设备、机械排水系统设备、消防系统设备、采暖系统设备、水处理系统设备等应进行系统试运转调试,并做好记录(表5-5)。

表5-5 设备单机试运转记录　　　　　　　　　　　　　　　　编号:

工程名称			试运转时间		年　月　日
设备部位图号		设备名称		规格型号	
试验单位		设备所在系统		额定数据	
序号		试验项目	试验记录		试验结论
试运转结论:					
签字栏	建设(监理)单位	施工单位			
		专业技术负责人	专业质检员		专业工长

(2) 相关规定与要求

① 水泵试运转的轴承温升必须符合设备说明书的规定。检验方法:通电、操作和温度计测温检查。水泵试运转,叶轮与泵壳不应相碰,进、出口部位的阀门应灵活。

② 锅炉风机试运转,轴承温升应符合下列规定 滑动轴承温度最高不得超过60℃。滚动轴承温度最高不得超过80℃。检验方法:用温度计检查。轴承径向单振幅应符合下列规定:风机转速小于1000r/min时,不应超过0.10mm;风机转速为1000~1450r/min时,不应超过0.08mm。检验方法:用测振仪表检查。

(3) 注意事项

① 以设计要求和规范规定为依据,适用条目要准确。参考规范包括《机械设备安装工程施工及验收通用规范》(GB 50231—2009)、《制冷设备、空气分离设备安装工程施工及验收规范》(GB 50274—2010)、《风机、压缩机、泵安装工程施工及验收规范》(GB 50275—2010)等。

② 根据试运转的实际情况填写实测数据,要准确,内容齐全,不得漏项。设备单机试运转后应逐台填写记录,一台(组)设备填写一张表格。

③ 设备单机试运转是系统试运转调试的基础工作,一般情况下如设备的性能达不到设计要求,系统试运转调试也不会达到要求。

④ 工程采用施工总承包管理模式的，签字人员应为施工总承包单位的相关人员。

（4）本表由施工单位填写，建设单位、施工单位、城建档案馆各保存一份。

三、系统试运转调试记录

（1）给水系统、热水系统、机械排水系统、消防系统、采暖系统、水处理系统等应进行系统试运转调试，并做好记录（表5-6）。

表5-6　系统试运转调试记录　　　　　　　　　　编号：

工程名称		试运转时间		年　月　日
试运转调试项目		试运转调试部位		
试运转、调试内容：				
试运转、调试结论：				
建设单位		监理单位		施工单位

（2）注意事项

① 以设计要求和规范规定为依据，适用条目要准确。

② 根据试运转调试的实际情况填写实测数据，要准确，内容齐全，不得漏项。

③ 工程采用施工总承包管理模式的，签字人员应为施工总承包单位的相关人员。

（3）其他

① 附必要的试运转调试测试表；

② 本表由施工单位填写，建设单位、施工单位、城建档案馆各保存一份。

四、灌（满）水试验记录

（1）非承压管道系统和设备，包括开式水箱、卫生洁具、安装在室内的雨水管道等，在系统和设备安装完毕后，以及暗装、埋地、有绝热层的室内外排水管道进行隐蔽前，应进行灌（满）水试验，并做好记录（表5-7）。

（2）相关规定与要求

① 敞口箱、罐安装前应做满水试验；密闭箱、罐应以工作压力的1.5倍做水压试验，但不得小于0.4MPa。检验方法：满水试验满水后静置24h不渗不漏；水压试验在试验压力下10min内无压降，不渗不漏。

② 隐蔽或埋地的排水管道在隐蔽前必须做灌水试验，其灌水高度应不低于底层卫生器具的上边缘或底层地面高度。检验方法：满水15min水面下降后，再灌满观察5min，液面

不降,管道及接口无渗漏为合格。

③ 安装在室内的雨水管道安装后应做灌水试验,灌水高度必须到每根立管上部的雨水斗。检验方法:灌水试验持续 1h,不渗不漏。

④ 室外排水管网安装管道埋设前必须做灌水试验和通水试验,排水应畅通,无堵塞,管接口无渗漏。检验方法:按排水检查井分段试验,试验水头应以试验段上游管顶加 1m,时间不少于 30min,逐段观察。

(3) 注意事项

① 以设计要求和规范规定为依据,适用条目要准确。

② 根据试运转调试的实际情况填写实测数据,要准确,内容齐全,不得漏项。

③ 工程采用施工总承包管理模式的,签字人员应为施工总承包单位的相关人员。

(4) 本表由施工单位填写并保存。

表 5-7 灌(满)水试验记录   编号:

工程名称		试验日期		年 月 日
试验项目		试验部位		
材 质		规 格		

试验要求:

试验记录:

试验结论:

签字栏	建设(监理)单位	施工单位		
		专业技术负责人	专业质检员	专业工长

五、强度严密性试验记录

(1) 室内外输送各种介质的承压管道、设备在安装完毕后,进行隐蔽之前,应进行强度严密性试验,并做好记录(表 5-8)。

表 5-8 强度严密性试验记录

工程名称			试验日期		年 月 日	
试验项目			试验部位			
材质			规格			
试验要求:						
试验记录:						
试验结论:						
签字栏	建设(监理)单位	施工单位				
		专业技术负责人		专业质检员		专业工长

(2) 相关规定与要求

1) 室内给水管道的水压试验必须符合设计要求。当设计未注明时,各种材质的给水管道系统试验压力均为工作压力的 1.5 倍,但不得小于 0.6MPa。检验方法:金属及复合管给水管道系统在试验压力下观测 10min,压力降不应大于 0.02MPa,然后降到工作压力进行检查,应不渗不漏;塑料管给水系统应在试验压力下稳压 1h,压力降不得超过 0.05MPa,然后在工作压力的 1.15 倍状态下稳压 2h,压力降不得超过 0.03MPa,同时检查各连接处不得渗漏。

2) 热水供应系统安装完毕,管道保温之前应进行水压试验。试验压力应符合设计要求。当设计未注明时,热水供应系统水压试验压力应为系统顶点的工作压力加 0.1MPa,同时在系统顶点的试验压力不小于 0.3MPa。检验方法:钢管或复合管道系统试验压力下 10min 内压力降不大于 0.02MPa,然后降至工作压力检查,压力应不降,且不渗不漏;塑料管道系统在试验压力下稳压 1h,压力降不得超过 0.05MPa,然后在工作压力 1.15 倍状态下稳压 2h,压力降不得超过 0.03MPa。连接处不得渗漏。

3) 热交换器应以工作压力的 1.5 倍做水压试验。蒸汽部分应不低于蒸汽供汽压力加

0.3MPa；热水部分应不低于0.4MPa。检验方法：试验压力下10min内压力不降，不渗不漏。

4) 低温热水地板辐射采暖系统安装，盘管隐蔽前必须进行水压试验，试验压力为工作压力的1.5倍，但不小于0.6MPa。检验方法：稳压1h内压力降不大于0.05MPa且不渗不漏。

5) 采暖系统安装完毕，管道保温之前应进行水压试验。试验压力应符合设计要求。当设计未注明时，应符合下列规定。

① 蒸汽、热水采暖系统，应以系统顶点工作压力加0.1MPa做水压试验，同时在系统顶点的试验压力不小于0.3MPa。

② 温热水采暖系统，试验压力应为系统顶点工作压力加0.4MPa。

③ 使用塑料管及复合管的热水采暖系统，应以系统顶点工作压力加0.2MPa做水压试验，同时在系统顶点的试验压力不小于0.4MPa。检验方法：使用钢管及复合管的采暖系统应在试验压力下10min内压力降不大于0.02MPa，降至工作压力后检查，不渗、不漏，使用塑料管的采暖系统应在试验压力下1h内压力降不大于0.05MPa，然后降压至工作压力的1.15倍，稳压2h，压力降不大于0.03MPa，同时各连接处不渗、不漏。

6) 室外给水管网必须进行水压试验，试验压力为工作压力的1.5倍，但不得小于0.6MPa。检验方法：管材为钢管、铸铁管时，试验压力下10min内压力降不应大于0.05MPa，然后降至工作压力进行检查，压力应保持不变，不渗不漏；管材为塑料管时，试验压力下，稳压1h压力降不大于0.05MPa，然后降至工作压力进行检查，压力应保持不变，不渗不漏。

7) 消防水泵接合器及室外消火栓安装系统必须进行水压试验，试验压力为工作压力的1.5倍，但不得小于0.6MPa。检验方法：试验压力下，10min内压力降不大于0.05MPa，然后降至工作压力进行检查，压力保持不变，不渗不漏。

8) 锅炉的汽、水系统安装完毕后，必须进行水压试验。水压试验的压力应符合规范规定。检验方法：在试验压力下10min内压力降不超过0.02MPa；然后降至工作压力进行检查，压力不降，不渗、不漏；观察检查，不得有残余变形，受压元件金属壁和焊缝上不得有水珠和水雾。

9) 锅炉分汽缸（分水器、集水器）安装前应进行水压试验，试验压力为工作压力的1.5倍，但不得小于0.6MPa。检验方法：试验压力下10min内无压降、无渗漏。

10) 锅炉地下直埋油罐在埋地前应做气密性试验，试验压力降不应小于0.03MPa。检验方法：试验压力下观察30min不渗、不漏，无压降。

11) 连接锅炉及辅助设备的工艺管道安装完毕后，必须进行系统的水压试验，试验压力为系统中最大工作压力的1.5倍。检验方法：在试验压力10min内压力不超过0.05MPa，然后降至工作压力进行检查，不渗不漏。

12) 自动喷水系统当系统设计工作压力等于或小于1.0MPa时，水压强度试验压力应为设计工作压力的1.5倍，并不应低于1.4MPa；当系统设计工作压力大于1.0MPa时，水压强度试验压力应为该工作压力加0.4MPa。水压强度试验的测试点应设在系统管网的最低点。对管网注水时，应将管网内的空气排净，并应缓慢升压，达到试验压力后，稳压30min，目测管网应无渗漏和无变形，且压力降不应大于0.05MPa。

13) 自动喷水系统水压严密度试验应在水压强度试验和管网冲洗合格后进行。试验压力应为设计工作压力，稳压24h，应无渗漏。

14) 自动喷水系统气压严密性试验的试验压力应为0.28MPa，且稳压24h，压力降不应大于0.01MPa。

(3) 注意事项

① 以设计要求和规范规定为依据，适用条目要准确。

② 单项试验和系统性试验，强度和严密度试验有不同要求，试验和验收时要特别留意；系统性试验、严密度试验的前提条件应充分满足，如自动喷水系统水压严密度试验应在水压强度试验和管网冲洗合格后才能进行；而常见做法是先根据区段验收或隐检项目验收要求完成单项试验，系统形成后进行系统性试验，再根据系统特殊要求进行严密度试验。

③ 根据试验的实际情况填写实测数据，要准确，内容齐全，不得漏项。

④ 工程采用施工总承包管理模式的，签字人员应为施工总承包单位的相关人员。

(4) 本表由施工单位填写，建设单位、施工单位各保存一份。

六、通水试验记录

(1) 室内外给水（冷、热）、中水卫生洁具、地漏及地面清扫口及室内外排水系统应分系统（区、段）进行通水试验，并做好记录（表 5-9）。

表 5-9 通水试验记录　　　　　　　　　　　　　编号：

工程名称		试验日期		年　月　日
试验项目		试验部位		
通水压力/MPa		通水流量/(m³/h)		
试验系统简述：				
试验记录：				
试验结论：				
签字栏	建设(监理)单位	施工单位		
		专业技术负责人	专业质检员	专业工长

(2) 相关规定与要求

① 给水系统交付使用前必须进行通水试验并做好记录。检验方法：观察和开启阀门、水嘴等放水。

② 卫生器具交工前应做满水和通水试验。检验方法：满水后各连接件不渗不漏；通水试验给、排水畅通。

(3) 注意事项

① 以设计要求和规范规定为依据，适用条目要准确。

② 根据试验的实际情况填写实测数据，要准确，内容齐全，不得漏项。

③ 通水试验为系统试验，一般在系统完成后统一进行。

④ 工程采用施工总承包管理模式的，签字人员应为施工总承包单位的相关人员。
⑤ 表格中通水流量（m³/h）按卫生器具供水管径核算获得。
(4) 本表由施工单位填写并保存。

七、吹（冲）洗（脱脂）试验记录

(1) 室内外给水（冷、热）、中水及采暖、空调、消防管道及设计有要求的管道应在使用前做冲洗试验；介质为气体的管道系统应按有关设计要求及规范规定做吹洗试验，并做好记录（表 5-10）。设计有要求时还应做脱脂处理。

表 5-10 吹（冲）洗（脱脂）试验记录　　　　　　　编号：

工程名称		试验日期		年　月　日	
试验项目		试验部位			
试验介质		试验方式			
试验记录：					
试验结论：					
签字栏	建设(监理)单位	施工单位			
		专业技术负责人	专业质检员	专业工长	

(2) 相关规定与要求

① 生活给水系统管道在交付使用前必须冲洗和消毒，并经有关部门取样检验，符合国家《生活饮用水卫生标准》（GB 5749—2006）方可使用。检验方法：检查有关部门提供的检测报告。

② 热水供应系统竣工后必须进行冲洗。检验方法：现场观察检查。

③ 采暖系统试压合格后，应对系统进行冲洗并清扫过滤器及除污器。检验方法：现场观察，直至排出水不含泥沙、铁屑等杂质，且水色不浑浊为合格。

④ 消防水泵接合器及室外消火栓安装系统消防管道在竣工前，必须对管道进行冲洗。检验方法：观察冲洗出水的浊度。

⑤ 供热管道试压合格后，应进行冲洗。检验方法：现场观察，以水色不浑浊为合格。

⑥ 自动喷水系统管网冲洗的水流流速、流量不应小于系统设计的水流流速、流量；管网冲洗宜分区、分段进行；水平管网冲洗时其排水管位置应低于配水支管。管网冲洗应连续进行，当出水口处水的颜色、透明度与入水口处水的颜色、透明度基本一致时为合格。

(3) 注意事项

① 以设计要求和规范规定为依据，适用条目要准确。
② 根据试验的实际情况填写实测数据，要准确，内容齐全，不得漏项。
③ 吹（冲）洗（脱脂）试验为系统试验，一般在系统完成后统一进行。

④ 工程采用施工总承包管理模式的，签字人员应为施工总承包单位的相关人员。

(4) 本表由施工单位填写并保存。

八、通球试验记录

(1) 室内排水水平干管、主立管应按有关规定进行通球试验，并做好记录（表5-11）。

表 5-11 通球试验记录　　　　　　　　　　　　　　　　　　编号：

工程名称		试验日期		年　月　日
试验项目		试验部位		
管径/mm		球径/mm		
试验要求：				
试验记录：				
试验结论：				
签字栏	建设（监理）单位	施工单位		
		专业技术负责人	专业质检员	专业工长

(2) 相关规定与要求：排水主立管及水平干管管道均应做通球试验，通球球径不小于排水管道管径的2/3，通球率必须达到100%。检查方法：通球检查。

(3) 注意事项
① 以设计要求和规范规定为依据，适用条目要准确。
② 根据试验的实际情况填写实测数据，要准确，内容齐全，不得漏项。
③ 通水试验为系统试验，一般在系统完成、通水试验合格后进行。
④ 工程采用施工总承包管理模式的，签字人员应为施工总承包单位的相关人员。
⑤ 通球试验用球宜为硬质空心塑料球，投入时做好标记，以便同排出的试验球核对。

(4) 本表由施工单位填写，建设单位、施工单位各保存一份。

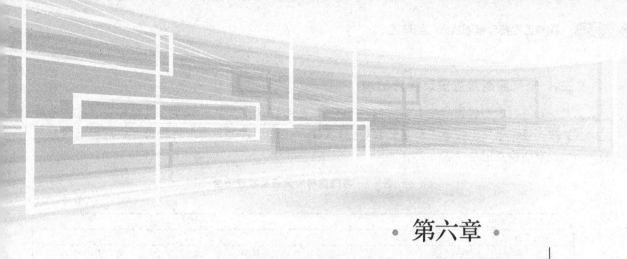

第六章

园林电气工程资料

第一节 园林用电施工记录

一、电缆敷设检查记录

对电缆的敷设方式、编号、起/止位置、规格、型号进行检查,并按《电气装置安装工程电缆线路施工及验收规范》(GB 50168—2006)要求,对安装工艺质量进行检查,填写电缆敷设检查记录(表6-1)。

表6-1 电缆敷设检查记录

编号:

工程名称				
部位工程				
施工单位				
检查日期		天气情况		
敷设方式		气温		
电缆编号	起 点	终 点	规格型号	用 途

序号	检查项目及要求	检查结果
1	电缆规格符合设计规定,排列整齐,无机械损伤;标志牌齐全、正确、清晰	
2	电缆的固定、弯曲半径、有关距离和单芯电力电缆的相序排列符合要求	
3	电缆终端、电缆接头、安装牢固,相色正确	
4	电缆金属保护层、铠装、金属屏蔽层接地良好	
5	电缆沟内无杂物,盖板齐全,隧道内无杂物,照明、通风排水等符合设计要求	
6	直埋电缆路径标志应与实际路径相符,标志应清晰牢固、间距适当	
7	电缆桥架接地符合标准要求	

签字栏	建设(监理)单位	施工单位		
		技术负责人	施工员	质检员

注:本表由施工单位填写,建设单位、施工单位各保存一份。

二、电气照明装置安装检查记录

对电气照明装置的配电箱（盘）、配线、各种灯具、开关、插座、风扇等安装工艺及质量按《建筑电气工程施工质量验收规范》（GB 50303—2002）要求进行检查，填写电气照明装置安装检查记录（表6-2）。

表6-2 电气照明装置安装检查记录

编号：

工程名称					
部位工程					
检查日期		检查日期		年 月 日	
序号	检查项目及要求			检查结果	
1	照明配电箱(盘)安装				
2	电线、电缆导管和线槽敷设				
3	电线、电缆导管穿线和线槽敷线				
4	普通灯具安装				
5	专用灯具安装				
6	建筑物景观照明灯、航空障碍标志灯和庭院灯安装				
7	开关、插座、风扇安装				
8					
签字栏	建设(监理)单位	施工单位			
		技术负责人	施工员		质检员

注：本表由施工单位填写，建设单位、施工单位各保存一份。

三、电线（缆）钢导管安装检查记录

对电线（缆）钢导管的起、止点位置及高程、管径、长度、弯曲半径、连接方式、防腐及排列情况进行检查，并填写电线（缆）钢导管安装检查记录（表6-3）。

表6-3 电线（缆）钢导管安装检查记录

编号：

工程名称					部位工程					
施工单位					检查日期			年 月 日		
序号	起点位置及管口高程	止点位置及管口高程	公称直径/mm	弯曲半径/mm	长度/mm	连接方式	跨接方式	防腐情况	排列情况	两端接地情况
签字栏	建设(监理)单位		施工单位							
			技术负责人		施工员			质检员		

注：本表由施工单位填写，建设单位、施工单位各保存一份。

四、成套开关柜(盘)安装检查记录

检查成套开关柜(盘)型钢外廓尺寸、基础型钢的不直度、水平度、位置、不平行度及开关柜的垂直度、水平偏差、柜面偏差、柜间接缝,要求成套开关柜(盘)安装偏差符合规范要求,并填写成套开关柜(盘)安装检查记录(表6-4)。

表6-4 成套开关柜(盘)安装检查记录

编号:

工程名称						
部位工程			检查日期		年 月 日	
施工单位						
开关柜(盘)名称			型号		数量	
生产厂			出厂日期		年 月 日	
基础型钢安装	基础位置	中心线	纵			
			横			
		高程				
	不直度					
	水平度					
	位置及不平行度					
	型钢外廓尺寸(长×宽)					
	接地连接方式					
开关柜安装	垂直度					
	水平偏差		相邻两柜顶部			
			成列柜顶部			
	柜面偏差		相邻两柜			
			成列柜面			
	柜间接缝					
	与基础型钢接地连接方式					
检查结果:						
签字栏	建设(监理)单位		施工单位			
		技术负责人		施工员		质检员

注:本表由施工单位填写,建设单位、施工单位各保存一份。

五、盘、柜安装及二次接线检查记录

对盘、柜及二次接线安装工艺及质量进行检查。内容包括盘、柜及基础型钢安装偏差;盘、柜固定及接地状况;盘、柜内电器元件、电气接线、柜内一次设备安装等及电气试验结果是否符合规范要求,并填写盘、柜安装及二次接线检查记录(表6-5)。

六、避雷装置安装检查记录

检查避雷装置安装质量,对避雷针、避雷网(带)、引下线的材质、规格、长度,结构形式、外观、焊接及防腐情况,引下线断点高度,接地极组数及接地电阻测量数值、防腐处理情况进行检查,并填写避雷装置安装检查记录(表6-6)。

表6-5 盘、柜安装及二次接线检查记录

编号：

工程名称					
部位工程			安装地点		
施工单位					
盘、柜名称			出厂编号		
序列编号			额定电压		安装数量
生产厂			检查日期		年 月 日
序号	检查项目及要求				检查结果
1	盘、柜安装位置正确，符合设计要求，偏差符合国家现行规范要求				
2	基础型钢安装偏差符合设计及规范要求				
3	盘、柜的固定及接地应可靠，漆层应完好，清洁整齐				
4	盘、柜内所装电器元件应符合设计要求，安装位置正确，固定牢固				
5	二次回路接线应正确，连接可靠，回路编号标志齐全清晰				
6	手车或抽屉式开关柜在推入或拉出时应灵活，机械闭锁可靠				
7	柜内一次设备安装质量符合国家现行有关标准规范的规定				
8	操作及联动试验正确符合设计要求				
9	按国家现行规范进行的所有电气试验全部合格				
10					
签字栏	建设(监理)单位	施工单位			
		技术负责人	施工员		质检员

注：本表由施工单位填写，建设单位、施工单位各保存一份。

表6-6 避雷装置安装检查记录

编号：

工程名称						
部位工程			安装地点			
施工单位						
施工图号			检查日期		年 月 日	
□避雷针　　□避雷网(带)						
序号	材质规格/mm	长度/m	结构形式	外观检查	焊接质量	焊接处防腐处理
1						
2						
3						
引下线						
序号	材质规格	条数	断接点高度	连接方式	防腐	接地极组号	焊接处防腐处理
1							
2							
3							
检查结论						
签字栏	建设(监理)单位	施工单位				
		技术负责人	施工员		质检员	

注：本表由施工单位填写，建设单位、施工单位各保存一份。

七、电机安装检查记录

对电机安装位置，接线、绝缘、接地情况，转子转动灵活性，轴承框动情况，电刷与滑环（换向器）的接触情况，电机的保护、控制、测量、信号等回路工作状态进行检验，并填写电机安装检查记录（表6-7）。

表6-7 电机安装检查记录

编号：

工程名称			
部位工程		安装地点	
施工单位			
设备名称		设备位号	
电机型号		额定数据	
生产厂		产品编号	
检查日期	年 月 日		

序号	检查项目及要求	检查结果
1	安装位置符合设计及规范要求	
2	电机引出线牢固,绝缘层良好,接线紧密可靠,引出线不受外力	
3	盘动转子时转动灵活,无卡阻现象,轴承无异响	
4	轴承上下无框动,前后无窜动	
5	电刷与换向器或集电环的接触良好	
6	电机外壳及油漆完整,接地良好	
7	电机的保护、控制、测量、信号、励磁等回路的调试完毕,运行正常	
8	测定电机定子绕组、转子绕组及励磁绕组绝缘电阻符合要求	
9	电气试验按现行国家标准试验合格	
10		

签字栏	建设(监理)单位	施工单位		
		技术负责人	施工员	质检员

注：本表由施工单位填写，建设单位、施工单位各保存一份。

八、电缆头（中间接头）制作记录

对电缆头型号、保护壳形式、接地线规格、绝缘带规格、芯线连接方法、相序校对、绝缘填料电阻测试值、电缆编号、规格型号等进行检查，并填写电缆头（中间接头）制作记录

(表6-8)。

表6-8 电缆头（中间接头）制作记录

编号：

工程名称					
部位工程					
施工单位					
电缆敷设方式			记录日期		年 月 日

序号	电缆编号				
1	电缆起止点				
2	制作日期				
3	天气情况				
4	电缆型号				
5	电缆截面				
6	电缆额定电压/V				
7	电缆头型号				
8	保护壳形式				
9	接地线规格				
10	绝缘带型号规格				
11	绝缘填料	型号规格			
		绝缘情况	制作前		
			制作后		
12	芯线连接方法				
13	相序校对				
14	工艺标准				
15	备用长度				
16					

签字栏	建设(监理)单位	施工单位		
		技术负责人	施工员	质检员

注：本表由施工单位填写，建设单位、施工单位各保存一份。

九、供水设备供电系统调试记录

电气设备安装调试应符合国家及有关专业的规定，各系统设备的单项安装调试合格后，由施工（安装）单位进行供水设备供电系统调试，并填写供水设备供电系统调试记录（表6-9）。

表 6-9 供水设备供电系统调试记录

编号：

工程名称											
施工单位							调试日期		年 月 日		
设备名称			规格型号				安装部位				
序号	1	2	3	4	5	6	7	8	9	10	
流量/m³											
进口压力/MPa											
出口压力/MPa											
转速/r/min											
水泵轴承温度/℃											
POTO 阀开度/%											
电动机											
轴承温度/℃											
冷却器空气温度/℃											
绕组温度/℃											
运行电压/V											
运行电流/A											
运行时间											
综合结论： □合格 □不合格						说明：					

签字栏	建设(监理)单位	施工单位		
		技术负责人	施工员	质检员

注：本表由施工（安装）单位填写，建设单位、施工单位各保存一份。

第二节 园林用电施工记录

一、电气接地电阻测试记录

（1）电气接地电阻测试记录（表 6-10）应由建设（监理）单位及施工单位共同进行检查。

（2）检测阻值结果和结论齐全。

（3）电气接地电阻测试应及时，测试必须在接地装置敷设后隐蔽之前进行。

（4）应绘制建筑物及接地装置的位置示意图表（见电气接地装置隐检与平面示意图表的填写要求）。

(5) 编号栏的填写应参照隐蔽工程检查记录表编号编写,但表式不同时顺序号应重新编号。

(6) 要求无未了事项

① 表格中凡需填空的地方,实际已发生的,如实填写;未发生的,则在空白处划斜杠"/"。

② 对于选择框,有此项内容,在选择框处画"√",若无此项内容,可空着,不必画"×"。

(7) 本表由施工单位填写,建设单位、施工单位、城建档案馆各保存一份。

表6-10 电气接地电阻测试记录

编号:

工程名称			测试日期		年 月 日	
仪表型号			天气情况		气温/℃	
接地类型	□防雷接地 □计算机接地 □工作接地 □保护接地 □防静电接地 □逻辑接地 □重复接地 □综合接地 □医疗设备接地					
设计要求						
测试结论:						
签字栏	建设(监理)单位	施工单位				
		专业技术负责人		专业质检员		专业工长

二、电气接地装置隐检与平面示意图表

(1) 电气接地装置隐检与平面示意图(表6-11)应由建设(监理)单位及施工单位共同进行检查。

(2) 检查结论齐全。

(3) 检验日期应与电气接地电阻测试记录日期一致。

(4) 绘制接地装置隐检与平面示意图时,应把建筑物轴线、各测试点的位置及阻值标出。

(5) 编号栏的填写应与电气接地电阻测试记录编号一致。

(6) 要求无未了事项 表格中凡需填空的地方,实际已发生的,如实填写;未发生的,

则在空白处画"/"。

(7) 本表由施工单位填写,建设单位、施工单位、城建档案馆各保存一份。

表 6-11 电气接地装置隐检与平面示意图　　　　　　编号:

工程名称			图　号		
接地类型		组数		设计要求	
接地装置平面示意图(绘制比例要适当,注明各组别编号及有关尺寸)					
接地装置敷设情况检查表(尺寸单位:mm)					
槽沟尺寸	沿结构外四周,深 0.8m		土质情况		
接地极规格			打进深度		
接地体规格			焊接情况		
防腐处理			接地电阻		(取最大值)
检验结论			检验日期		年　月　日
签字栏	建设(监理)单位	施工单位			
		专业技术负责人	专业质检员		专业工长

三、电气绝缘电阻测试记录

(1) 电气绝缘电阻测试记录(表 6-12)应由建设(监理)单位及施工单位共同进行检查。

(2) 检测阻值结果和测试结论齐全。

(3) 当同一配电箱(盘、柜)内支路很多,又是同一天进行测试时,本表格填不下,可续表格进行填写,但编号应一致。

(4) 阻值必须符合规范、标准的要求,若不符合规范、标准的要求,应查找原因并进行处理,直到符合要求方可填写此表。

(5) 编号栏的填写应参照隐蔽工程检查记录表编号编写,但表式不同时顺序号应重新编号,一、二次测试记录的顺序号应连续编写。

(6) 要求无未了事项　表格中凡需填空的地方,实际已发生的,如实填写;未发生的,则在空白处画"/"。

(7) 本表由施工单位填报,建设单位、施工单位各保存一份。

表 6-12　电气绝缘电阻测试记录　　　　　　　　　　编号：

工程名称							测试日期				
计量单位							天气情况				
仪表型号				电压				气温			
试验内容	相向			相对零			相对地			零对地	
	L_1-L_2	L_2-L_3	L_3-L_1	L_1-N	L_2-N	L_3-N	L_1-PE	L_2-PE	L_3-PE	N-PE	
测试结论：											

签字栏	建设(监理)单位	施工单位		
		专业技术负责人	专业质检员	专业工长

四、电气器具通电安全检查记录

(1) 电气器具通电安全检查记录（表 6-13）应由施工单位的专业技术负责人、质检员、工长参加。

(2) 检查结论应齐全。

(3) 检查正确、符合要求时填写"√"，反之则填写"×"。当检查不符合要求时，应进行修复，并在检查结论中说明修复结果。当检查部位为同一楼门单元（或区域场所），检查点很多又是同一天检查时，本表格填不下，可续表格进行填写，但编号应一致。

(4) 编号栏的填写应参照隐蔽工程检查记录表编号编写，但表式不同时顺序号应重新编号。

(5) 要求无未了事项　表格中凡需填空的地方，实际已发生的，如实填写；未发生的，则在空白处画"/"。

表 6-13 电气器具通电安全检查记录　　　　　　　　　编号：

工程名称											检查日期								年　月　日								
楼门单元或区域场所																											
层数	开关										灯具										插座							
	1	2	3	4	5	6	7	8	9		1	2	3	4	5	6	7	8	9		1	2	3	4	5	6	7	8	9
检查结论：																											
签字栏	建设(监理)单位			施工单位																							
				专业技术负责人				专业质检员							专业工长												

五、电气设备空载试运行记录

(1) 电气设备空载试运行记录（表 6-14）应由建设（监理）单位及施工单位共同进行检查。

(2) 试运行情况记录应详细

① 记录成套配电（控制）柜、台、箱、盘的运行电压、电流情况、各种仪表指示情况。

② 记录电动机转向和机械转动有无异常情况、机身和轴承的温升、电流、电压及运行时间等有关数据。

③ 记录电动执行机构的动作方向及指示，是否与工艺装置的设计要求保持一致。

(3) 当测试设备的相间电压时，应把相对零电压划掉。

表 6-14　电气设备空载试运行记录　　　　　　　　　　　编号：

工程名称							
试运项目				填写日期		年　月　日	
试运时间		由　　日 12时0分开始，至　　日 14时0分结束					
运行负荷记录	运行时间	运行电压/V			运行电流/A			温度/℃
		L_1—N (L_1—L_2)	L_2—N (L_2—L_3)	L_3—N (L_3—L_1)	L_1 相	L_2 相	L_3 相	
试运行情况记录：								
签字栏	建设(监理)单位		施工单位					
			专业技术负责人		专业质检员		专业工厂	

（4）编号栏的填写应参照隐蔽工程检查记录表编号编写，但表式不同时顺序号应重新编号。

（5）要求无未了事项　表格中凡需填空的地方，实际已发生的，如实填写；未发生的，则在空白处画"/"。

（6）本表由施工单位填写，建设单位、施工单位各保存一份。

六、建筑物照明通电试运行记录

（1）建筑物照明通电试运行记录（表6-15）应由建设（监理）单位及施工单位共同进行检查。

（2）试运行情况记录应详细

① 照明系统通电，灯具回路控制应与照明配电箱及回路的标识一致。

② 开关与灯具控制顺序相对应，风扇的转向及调速开关应正常。

③ 记录电流、电压、温度及运行时间等有关数据。

④ 配电箱内电气线路连接节点处应进行温度测量，且温升值稳定不大于设计值。

⑤ 配电箱内电气线路连接节点测温应使用远红外摇表测量仪，并在检定有效期内。

(3) 除签字栏必须亲笔签字外,其余项目栏均须打印。

(4) 当测试线路为相对零电压时,应把相间电压划掉。

(5) 编号栏的填写应参照隐蔽工程检查记录表编号编写,但表式不同时顺序号应重新编号。

(6) 要求无未了事项

① 表格中凡需填空的地方,实际已发生的,如实填写;未发生的,则在空白处画"/"。

② 对于选择框,有此项内容,在选择框处画"√",若无此项内容,可空着,不必画"×"。

(7) 本表由施工单位填写,建设单位、施工单位各保存一份。

表 6-15　建筑物照明通电试运行记录　　　　　　　编号:

工程名称								
试运项目					填写日期		年　月　日	
试运时间		由　　日　8时0分开始,至　　日　16时0分结束						
运行负荷记录	运行时间	运行电压/V			运行电流/A			温度/℃
		L_1-N (L_1-L_2)	L_2-N (L_2-L_3)	L_3-N (L_3-L_1)	L_1 相	L_2 相	L_3 相	
试运行情况记录:								

签字栏	建设(监理)单位	施工单位	
		专业技术负责人　　　专业质检员　　　专业工长		

七、大型照明灯具承载试验记录

(1) 大型照明灯具承载试验记录（表 6-16）应由建设（监理）单位及施工单位共同进行检查。

(2) 检查结论应齐全。

(3) 编号栏的填写应参照隐蔽工程检查记录表编号编写，但表式不同时顺序号应重新编号。

(4) 要求无未了事项 表格中凡需填空的地方，实际已发生的，如实填写；未发生的，则在空白处画"/"。

(5) 本表由施工单位填写，建设单位、施工单位各保存一份。

表 6-16 大型照明灯具承载试验记录 编号：

工程名称		试验日期		
灯具名称	安装部位	数量	灯具自重/kg	试验载重/kg
检查结论：				
签字栏	建设(监理)单位	施工单位		
		专业技术负责人	专业质检员	专业工长

八、漏电开关模拟试验记录

(1) 漏电开关模拟试验记录（表 6-17）应由建设（监理）单位及施工单位共同进行检查。

(2) 若当天内检查点很多时，本表格填不下，可续表格进行填写，但编号应一致。

(3) 测试结论应齐全。

(4) 编号栏的填写应参照隐蔽工程检查记录表编号编写，但表式不同时顺序号应重新编号。

(5) 要求无未了事项 表格中凡需填空的地方,实际已发生的,如实填写;未发生的,则在空白处画"/"。

(6) 本表由施工单位填写,建设单位、施工单位各保存一份。

表 6-17 漏电开关模拟试验记录　　　　　　　　　　　　　　编号:

工程名称					
试验器具			试验日期	年 月 日	
安装部位	型号	设计要求			
		动作电流/mA	动作时间/ms	动作电流/mA	动作时间/ms
测试结论:					
签字栏	建设(监理)单位	施工单位			
		专业技术负责人	专业质检员	专业工长	

九、大容量电气线路结点测温记录

(1) 大容量电气线路结点测温记录(表 6-18)应由建设(监理)单位及施工单位共同进行检查。

(2) 测试结论应齐全。

(3) 编号栏的填写应参照隐蔽工程检查记录表编号编写,但表式不同时顺序号应重新编号。

(4) 要求无未了事项

① 表格中凡需填空的地方,实际已发生的,如实填写;未发生的,则在空白处画"/"。

② 对于选择框,有此项内容,在选择框处画"√",若无此项内容,可空着,不必画"×"。

表 6-18　大容量电气线路结点测温记录　　　　　编号：

工程名称						
测试地点			测试品种		导线 □ /母线 □ /开关 □	
测试工具			测试日期		年　月　日	
测试回路(部位)		测试时间	电流/A	设计温度/℃		测试温度/℃
测试结论：						
签字栏	建设(监理)单位		施工单位			
			专业技术负责人	专业质检员		专业工长

十、避雷带支架拉力测试记录

（1）避雷带支架拉力测试记录（表 6-19）应由建设（监理）单位及施工单位共同进行检查。

（2）若当天内检查点很多时，表格填不下，可续表格进行填写，但编号应一致。

（3）检查结论应齐全。

（4）编号栏的填写应参照隐蔽工程检查记录表编号编写，但表式不同时顺序号应重新编号。

（5）要求无未了事项　表格中凡需填空的地方，实际已发生的，如实填写；未发生的，则在空白处画"/"。

（6）本表由施工单位填写，建设单位、施工单位各保存一份。

表6-19 避雷带支架拉力测试记录　　　　　　　　　　　编号：

工程名称									
测试部位				测试日期			年　月　日		
序号	拉力/kg	序号	拉力/kg	序号	拉力/kg	序号	拉力/kg		
1									
2									
3									
4									
5									
6									
检查结论：									
签字栏	建设(监理)单位	施工单位							
		专业技术负责人		专业质检员		专业工长			

第七章 园林工程施工验收资料

第一节 园林检验批质量验收记录

一、填写要求

园林绿化工程检验批质量验收记录 填写时，应符合下列要求。

(1) 表头的填写

① 单位（子单位）工程名称按合同文件上的单位工程名称填写，子单位工程标出该部分的位置。

② 分部（子分部）工程名称按划定的分部（子分部）名称填写。

③ 验收部位是指一个分项工程中验收的那个检验批的抽样范围，要按实际情况标注清楚。

④ 检验批验收记录表中，施工执行标准名称及编号应填写施工所执行的工艺标准的名称及编号，例如，可以填写所采用的企业标准、地方标准、行业标准或国家标准；如果未采用上述标准，也可填写实际采用的施工技术方案等依据，填写时要将标准名称及编号填写齐全，此栏不应填写验收标准。

⑤ 表格中工程参数等应如实填写，施工单位、分包单位名称宜写全称，并与合同上公章名称一致，并注意各表格填写的名称应相互一致；项目经理应填写合同中指定的项目负责人，分包单位的项目经理也应是合同中指定的项目负责人，表头签字处不需要本人签字的地方，由填表人填写即可，只是标明具体的负责人。

(2) "施工质量验收规范的规定"栏 制表时，按以下4种情况填写。

① 直接写入。将主控项目、一般项目的要求写入。

② 简化描述。将质量要求作简化描述，作为检查提示。

③ 写入条文号。当文字较多时，只将引用标准规范的条文号写入。

④ 写入允许偏差。对定量要求，将允许偏差直接写入。

(3) 填写"施工单位检查评定记录"栏　应遵守下列要求。

① 对定量检查项目，当检查点少时，可直接在表中填写检查数据；当检查点数较多填写不下时，可以在表中填写综合结论，如"共检查20处，平均4mm，最大7mm""共检36处，全部合格"等字样，此时应将原始检查记录附在表后。

② 对定性类检查项目，可填写"符合要求"或用符号表示，打"√"或打"×"。

③ 对既有定性又有定量的项目，当各个子项目质量均符合规范规定时，可填写"符合要求"或打"√"，不符合要求时打"×"。

④ 无此项内容时用打"/"来标注。

⑤ 在一般项目中，规范对合格点百分率有要求的项目，也可填写达到要求的检查点的百分率。

⑥ 对混凝土、砂浆强度等级，可先填报告份数和编号，待试件养护至28d试压后，再对检验批进行判定和验收，应将试验报告附在验收表后。

⑦ 主控项目不得出现"×"，当出现打"×"时，应进行返工修理，使之达到合格；一般项目不得出现超过20%的检查点打"×"，否则应进行返工修理。

⑧ 有数据的项目，将实际测量的数值填入格内。"施工单位检查评定记录"栏应由质量检查员填写。填写内容：可为"合格"或"符合要求"，也可为"检查工程主控项目、一般项目均符合《××质量验收规范》（GB ××—××）的要求，评定合格"等。质量检查员代表企业逐项检查评定合格后，应如实填表并签字，然后交监理工程师或建设单位项目专业技术负责人验收。

(4) "监理单位验收记录"栏

① 验收前，监理人员应采用平行、旁站或巡回等方法进行监理，对施工质量抽查，对重要项目作见证检测，对新开工程、首件产品或样板间等进行全面检查。以全面了解所监理工程的质量水平、质量控制措施是否有效及实际执行情况，做到心中有数。

② 在检验批验收时，监理工程师应与施工单位质量检查员共同检查验收。监理人员应对主控项目、一般项目按照施工质量验收规范的规定逐项抽查验收。应注意：监理工程师应该独立得出是否符合要求的结论，并对得出的验收结论承担责任。对不符合施工质量验收规范规定的项目，暂不填写，待处理后再验收，但应作出标记。

(5) "监理单位验收结论"栏

① 应由专业监理工程师或建设单位项目专业技术负责人填写。

② 填写前，应对"主控项目""一般项目"按照施工质量验收规范的规定逐项抽查验收，独立得出验收结论。认为验收合格，应签注"同意施工单位评定结果，验收合格"。

如果检验批中含有混凝土、砂浆试件强度验收等内容，应待试验报告出来后再作判定。

二、验收记录填写

由于园林绿化工程到目前为止还没有像土建工程一样全国统一的质量验收规范，所以目前全国也没有统一的园林绿化工程检验批质量验收表格。

本书中只收录及编制了园林绿化工程中园林附属设施及绿化种植的部分检验批质量验收表格。对于园林绿化工程中的园林建筑、园林给排水及园林用电的检验批验收表格可参照建筑工程与市政基础设施工程中检验批质量验收表格的形式进行编制使用。

1. 面层工程

（1）碎拼大理石工程　碎拼大理石工程检验批质量验收记录见表 7-1。

表 7-1　碎拼大理石工程检验批质量验收记录　　　　　编号：

工程名称															
分部工程名称							验收部位								
施工单位							项目经理								
施工执行标准名称及编号															
分包单位							分包项目经理								
质量验收规范的规定			施工单位自检记录							监理（建设）单位验收记录					
主控项目	1	面层所用板块的品种、质量、规格必须符合设计要求													
	2	面层与基层的结合必须牢固													
	3														
一般项目	1	碎拼大理石面层应符合要求													
	2	允许偏差	表面平整度												
			接缝高低差												
施工单位检查评定结果			专业工长（施工员）							施工班组长					
			项目专业质量检查员：　　　　　年　月　日												
监理（建设）单位验收结论			专业监理工程师： （建设单位项目专业负责人）　　年　月　日												

第七章 园林工程施工验收资料

(2) 卵石面层　卵石面层检验批质量验收记录见表7-2。

表7-2　卵石面层检验批质量验收记录　　　　　　　　　　编号：

工程名称														
分部工程名称						验收部位								
施工单位						项目经理								
施工执行标准名称及编号														
分包单位						分包项目经理								
质量验收规范的规定			施工单位自检记录							监理(建设)单位验收记录				
主控项目	1	面层所用板块的品种、质量、规格必须符合设计要求												
	2	面层与基层的结合必须牢固												
	3													
一般项目	1	卵石面层应符合要求												
	2	允许偏差	表面平整度											
			接缝高低差											
			板块间隙											
施工单位检查评定结果			专业工长(施工员)					施工班组长						
			项目专业质量检查员：　　　年　月　日											
监理(建设)单位验收结论			专业监理工程师： (建设单位项目专业负责人)　　　年　月　日											

(3) 定形石块面层　定形石块面层检验批质量验收记录见表7-3。

表7-3　定形石块面层检验批质量验收记录　　　　　　　编号：

工程名称				
分部工程名称			验收部位	
施工单位			项目经理	
施工执行标准名称及编号				
分包单位			分包项目经理	
质量验收规范的规定			施工单位自检记录	监理(建设)单位验收记录
主控项目	1	面层所用板块的品种、质量、规格必须符合设计要求		
	2	面层与基层的结合必须牢固		
	3			
一般项目	1	块石面层应符合要求		
	2	允许偏差	表面平整度	
			缝格平直	
			接缝高低差	
			板块间隙	
			专业工长(施工员)	施工班组长
施工单位检查评定结果			项目专业质量检查员：　　　年　月　日	
监理(建设)单位验收结论			专业监理工程师：(建设单位项目专业负责人)　　　年　月　日	

（4）定形大理石、广场砖、花岗岩面层　定形大理石、广场砖、花岗岩面层检验批质量验收记录见表 7-4。

表 7-4　定形大理石、广场砖、花岗岩面层检验批质量验收记录　　　　编号：

工程名称						
分部工程名称				验收部位		
施工单位				项目经理		
施工执行标准名称及编号						
分包单位				分包项目经理		
质量验收规范的规定			施工单位自检记录		监理（建设）单位验收记录	
主控项目	1	面层所用板块的品种、质量、规格必须符合设计要求				
	2	面层与基层的结合必须牢固				
一般项目	1	面层板材应符合要求				
	2	允许偏差	表面平整度			
			缝格平直			
			接缝高低差			
			板块间隙			
施工单位检查评定结果		专业工长（施工员）		施工班组长		
		项目专业质量检查员：　　年　月　日				
监理（建设）单位验收结论		专业监理工程师：（建设单位项目专业负责人）　　年　月　日				

(5) 混凝土板块面层　混凝土板块面层检验批质量验收记录见表7-5。

表7-5　混凝土板块面层检验批质量验收记录　　　　　　　　　　　　编号：

工程名称																
分部工程名称								验收部位								
施工单位								项目经理								
施工执行标准名称及编号																
分包单位								分包项目经理								
质量验收规范的规定			施工单位自检记录							监理(建设)单位验收记录						
主控项目	1	面层所用板块的品种、质量、规格必须符合设计要求														
	2	面层与基层的结合必须牢固														
一般项目	1	混凝土板块应符合要求														
	2	允许偏差	表面平整度													
			缝格平直													
			接缝高低差													
			板块间隙													
施工单位检查评定结果			专业工长(施工员)					施工班组长								
			项目专业质量检查员：　　　　　　年　月　日													
监理(建设)单位验收结论			专业监理工程师： (建设单位项目专业负责人)　　　　　年　月　日													

(6) 水泥花砖面层 水泥花砖面层检验批质量验收记录见表 7-6。

表 7-6 水泥花砖面层检验批质量验收记录 编号：

工程名称						
分部工程名称				验收部位		
施工单位				项目经理		
施工执行标准名称及编号						
分包单位				分包项目经理		
质量验收规范的规定			施工单位自检记录		监理(建设)单位验收记录	
主控项目	1	面层所用板块的品种、质量、规格必须符合设计要求				
	2	面层与基层的结合必须牢固				
一般项目	1	水泥花砖面层应符合要求				
	2	允许偏差	表面平整度			
			缝格平直			
			接缝高低差			
			板块间隙			
施工单位检查评定结果			专业工长(施工员)		施工班组长	
			项目专业质量检查员： 年 月 日			
监理(建设)单位验收结论			专业监理工程师： (建设单位项目专业负责人) 年 月 日			

2. 草坪工程

(1) 嵌草地坪　嵌草地坪检验批质量验收记录见表7-7。

表7-7　嵌草地坪检验批质量验收记录　　　　编号：

工程名称					
分部工程名称				验收部位	
施工单位				项目经理	
施工执行标准名称及编号					
分包单位				分包项目经理	
质量验收规范的规定			施工单位自检记录		监理(建设)单位验收记录
主控项目	1	面层所用板块的品种、质量、规格必须符合设计要求			
	2	面层与基层的结合必须牢固			
一般项目	1	嵌草地坪应符合要求			
	2 允许偏差	表面平整度			
		缝格平直			
		接缝高低差			
		板块间隙			
施工单位检查评定结果	专业工长(施工员)			施工班组长	
	项目专业质量检查员：　　　　　年　月　日				
监理(建设)单位验收结论	专业监理工程师： (建设单位项目专业负责人)　　　　年　月　日				

(2) 运动型草坪工程 运动型草坪工程检验批质量验收记录见表7-8。

表7-8 运动型草坪工程检验批质量验收记录　　　　编号：

工程名称						
分部工程名称				验收部位		
施工单位				项目经理		
施工执行标准名称及编号						
分包单位				分包项目经理		
质量验收规范的规定			施工单位自检记录		监理（建设）单位验收记录	
主控项目	1	草坪地下排水系统必须符设计要求				
	2	坪床栽植土层必须符合草生长要求				
	3	草坪必须符合设计要求				
一般项目	1	嵌草地坪应符合要求				
	2	草坪草栽播、生长				
	3	允许偏差	栽植土层（或介质层）深度			
			草坪草修剪高度			
施工单位检查评定结果			专业工长（施工员）		施工班组长	
			项目专业质量检查员：　　　　年　月　日			
监理（建设）单位验收结论			专业监理工程师： （建设单位项目专业负责人）　　　年　月　日			

3. 栽植土

（1）栽植土基层处理　栽植土基层处理检验批质量验收记录见表7-9。

表7-9　栽植土基层处理检验批质量验收记录　　　　　编号：

工程名称					
分部工程名称				验收部位	
施工单位				项目经理	
施工执行标准名称及编号					
分包单位				分包项目经理	
质量验收规范的规定			施工单位自检记录		监理（建设）单位验收记录
主控项目	1	栽植土下基层不能有透水层或积水现象			
	2	地下水位深度符合植物生长要求			
	3	基土理化性质不影响植物生长			
	4				
一般项目	1	清除建筑垃圾、杂草、树根			
	2	表面基本平整			
	3	地形标高符合设计要求			
施工单位检查评定结果			专业工长（施工员）	施工班组长	
			项目专业质量检查员：		年　月　日
监理（建设）单位验收结论			专业监理工程师： （建设单位项目专业负责人）		年　月　日

(2) 栽植土进场　栽植土进场检验批质量验收记录见表 7-10。

表 7-10　栽植土进场检验批质量验收记录　　　　　编号：

工程名称							
分部工程名称				验收部位			
施工单位				项目经理			
施工执行标准名称及编号							
分包单位				分包项目经理			
	质量验收规范的规定			施工单位自检记录		监理(建设)单位验收记录	
主控项目	1	栽植土壤主要理化性质(ρ值,有机质含量,总孔隙度)符合设计及规定要求					
	2						
一般项目	1	土壤土色及紧实度		表面无白色盐霜,土壤疏松平板结			
	2	土壤石砾,瓦砾等杂物含量	树木栽植土	<10%			
			草坪栽植土	<5%			
			花坛栽植土	基本无杂草			
	3	栽植土土壤含石砾、瓦砾等杂物粒径大小		<5cm			
	4	栽植土块	大、中乔木	≤8cm			
			小乔木和大中灌木	≤6cm			
			草坪、花坛、地被	≤4cm			
	5						
施工单位检查评定结果				专业工长(施工员)		施工班组长	
				项目专业质量检查员：　　　　年　月　日			
监理(建设)单位验收结论				专业监理工程师： (建设单位项目专业负责人)　　　　年　月　日			

(3) 栽植土地形整理 栽植土地形整理检验批质量验收记录见表7-11。

表7-11 栽植土地形整理检验批质量验收记录　　　编号：

工程名称						
分部工程名称				验收部位		
施工单位				项目经理		
施工执行标准名称及编号						
分包单位				分包项目经理		
		质量验收规范的规定		施工单位自检记录		监理(建设)单位验收记录
主控项目	1	栽植土地形的整体造型符合设计要求				
	2					
一般项目	1	地表基本平整、无明显的低洼和积水处				
	2	土壤石砾,瓦砾等杂物含量	≥3‰或设计要求			
	3	栽植土与道路(挡土墙或挡土侧石)接壤处处理	栽植应略3~6cm,与边口线基本平直			
	4	有效土层厚度	大、中乔木 深根性	≥120cm或设计要求		
			浅根性	≥90cm或设计要求		
			小乔木和大中灌木	≥60cm或设计要求		
			小灌木、宿根花卉	≥40cm或设计要求		
			地坪、草坪及一、二年生草花	≥30cm或设计要求		
	5	地形相对标高	全高	<100cm	±5cm	
				101~200cm	±10cm	
				201~300cm	±20cm	
				301~500cm	±30cm	
施工单位检查评定结果			专业工长(施工员)		施工班组长	
			项目专业质量检查员：　　　年　月　日			
监理(建设)单位验收结论			专业监理工程师：(建设单位项目专业负责人)　　　年　月　日			

4. 植被

(1) 植物材料工程　植物材料工程检验批质量验收记录见表7-12、表7-13。

表 7-12　植物材料工程检验批质量验收记录（一）　　　编号：

工程名称								
分部工程名称					验收部位			
施工单位					项目经理			
施工执行标准名称及编号								
分包单位					分包项目经理			
		质量验收规范的规定		施工单位自检记录			监理(建设)单位验收记录	
主控项目	1	栽植材料的种类、规格必须符合设计要求						
	2	严禁带有严重的病虫、草害						
一般项目	1	树木	姿态各生长势					
			病虫害					
			土球和树根系					
	2	允许偏差/mm	胸径	<5cm				
				5～10cm				
				11～15cm				
				15～20cm(落叶)				
			高度	针叶类	<3cm			
					>3cm			
				阔叶类	1.5～2.5m			
					2.6～4.5m			
					>4.6m			
			冠幅	<1m				
				1.0～2.0m				
				2.1～3.0m				
				>3m				
施工单位检查评定结果			专业工长(施工员)			施工班组长		
			项目专业质量检查员：　　　年　月　日					
监理(建设)单位验收结论			专业监理工程师： (建设单位项目专业负责人)　　　年　月　日					

表 7-13 植物材料工程检验批质量验收记录（二）　　编号：

工程名称											
分部工程名称						验收部位					
施工单位						项目经理					
施工执行标准名称及编号											
分包单位						分包项目经理					
		质量验收规范的规定		施工单位自检记录				监理（建设）单位验收记录			
主控项目	1	栽植材料的种类、规格必须符合设计要求									
	2	严禁带有严重的病虫、草害									
一般项目	1	草块和草根茎									
	2	花苗、地被									
	3	允许偏差/mm	灌木	高度	<100cm						
					100～150cm						
					>150cm						
				冠幅	<100cm						
					100～150cm						
					>150cm						
			球类	冠幅	<50cm						
					50～100cm						
					101～200cm						
					>200cm						
				高度	1.5～2.5m						
					2.6～4.5m						
					>4.6m						
施工单位检查评定结果				专业工长（施工员）				施工班组长			
				项目专业质量检查员：　　　年　月　日							
监理（建设）单位验收结论				专业监理工程师： （建设单位项目专业负责人）　　年　月　日							

(2) 园林植物运输和假植工程 园林植物运输和假植工程检验批质量验收记录见表 7-14。

表 7-14 园林植物运输和假植工程检验批质量验收记录　　　　编号：

工程名称				
分部工程名称		验收部位		
施工单位		项目经理		
施工执行标准名称及编号				
分包单位		分包项目经理		
	质量验收规范的规定	施工单位自检记录		监理(建设)单位验收记录
主控项目	1 保护根系和土球			
	2 珍贵树种			
一般项目	1 装运			
	2 假植质量			
施工单位检查评定结果	专业工长 (施工员)		施工班组长	
	项目专业质量检查员：　　　　年 月 日			
监理(建设)单位验收结论	专业监理工程师： (建设单位项目专业负责人)　　　年 月 日			

注：本表引自北京市地方标准《园林绿化工程监理规程》(DB11/T 245—2012)。

（3）苗木种植穴、槽　苗木种植穴、槽检验批质量验收记录见表7-15。

表7-15　苗木种植穴、槽检验批质量验收记录　　　　　　　编号：

工程名称					
分部工程名称			验收部位		
施工单位			项目经理		
施工执行标准名称及编号					
分包单位			分包项目经理		
		质量验收规范的规定	施工单位自检记录		监理(建设)单位验收记录
主控项目	1	穴、槽的位置			
	2	穴、槽规格			
	3	树坑内容土			
一般项目	1	标明树种			
	2	好土、弃土置放分明			
施工单位检查评定结果		专业工长(施工员)		施工班组长	
		项目专业质量检查员：　　　年　月　日			
监理(建设)单位验收结论		专业监理工程师： (建设单位项目专业负责人)　　　年　月　日			

(4) 树木栽植工程　树木栽植工程检验批质量验收记录见表 7-16。

表 7-16　树木栽植工程检验批质量验收记录　　　　　　　编号：

工程名称				
分部工程名称		验收部位		
施工单位		项目经理		
施工执行标准名称及编号				
分包单位		分包项目经理		
质量验收规范的规定		施工单位自检记录		监理(建设)单位验收记录

		质量验收规范的规定	施工单位自检记录	监理(建设)单位验收记录
一般项目	1	放样定位		
	2	树穴		
	3	定向及排列		
	4	栽植深度		
	5	土球包装物、培土、浇水		
	6	垂直度、支撑和裹干		
	7	修剪(剥芽)		
施工单位检查评定结果		专业工长 (施工员)　　　　　施工班组长 项目专业质量检查员：　　　　年　月　日		
监理(建设)单位验收结论		专业监理工程师： (建设单位项目专业负责人)　　　　年　月　日		

注：本表引自北京市地方标准《园林绿化工程监理规程》(DB11/T 245—2012)。

(5) 草坪、花坛地被栽植 草坪、花坛地被栽植工程检验批质量验收记录见表 7-17。

表 7-17 草坪、花坛地被栽植工程检验批质量验收记录　　　　编号：

工程名称						
分部工程名称			验收部位			
施工单位			项目经理			
施工执行标准名称及编号						
分包单位			分包项目经理			
质量验收规范的规定			施工单位自检记录		监理(建设)单位验收记录	
一般项目	1	放样定位				
	2 草坪	籽播或植生带				
		草块移植				
		散铺				
	3	切草边				
	4	花坛地被				
施工单位检查评定结果		专业工长 (施工员)		施工班组长		
		项目专业质量检查员：　　　　年　月　日				
监理(建设)单位验收结论		专业监理工程师： (建设单位项目专业负责人)　　　年　月　日				

(6) 花卉种植 花卉种植检验批质量验收记录见表7-18。

表7-18 花卉种植检验批质量验收记录　　　　　　　　　编号：

工程名称				
分部工程名称			验收部位	
施工单位			项目经理	
施工执行标准名称及编号				
分包单位			分包项目经理	
	质量验收规范的规定		施工单位自检记录	监理(建设)单位验收记录
主控项目	1	种植		
	2	种植深度		
	3	水生花卉种植深度		
一般项目	1	种植顺序		
	2	养护		
	3			
施工单位检查评定结果		专业工长(施工员)		施工班组长	
		项目专业质量检查员：　　　　年　月　日			
监理(建设)单位验收结论		专业监理工程师：(建设单位项目专业负责人)　　　年　月　日			

注：本表引自北京市地方标准《园林绿化工程监理规程》(DB11/T 245—2012)。

（7）大树移植工程　大树移植工程检验批质量验收记录见表7-19。

表7-19　大树移植工程检验批质量验收记录　　　　　　　　编号：

工程名称					
分部工程名称			验收部位		
施工单位			项目经理		
施工执行标准名称及编号					
分包单位			分包项目经理		
	质量验收规范的规定		施工单位自检记录		监理(建设)单位验收记录
主控项目	1	移植前,应按规定进行截根或移植处理			
	2	树穴必须符合要求			
	3	树穴栽植土必须符合要求			
	4	大树的树种必须符合设计要求,严禁带有严重的病、虫、草害			
一般项目	1	栽植土			
	2	姿态和生长势			
	3	土球和裸根树根系			
	4	病虫害			
	5	放样定位、定向及排列			
	6	栽植树深度、土球包装物、培土、浇水			
	7	垂直度、支撑和裹杆			
	8	修剪(剥芽)			
施工单位检查评定结果		专业工长(施工员)		施工班组长	
		项目专业质量检查员：　　　　　年　月　日			
监理(建设)单位验收结论		专业监理工程师：(建设单位项目专业负责人)　　　年　月　日			

(8) 移植苗木修剪工程 移植苗木修剪工程检验批质量验收记录见表 7-20。

表 7-20 移植苗木修剪工程检验批质量验收记录　　　　　　编号：

工程名称				
分部工程名称		验收部位		
施工单位		项目经理		
施工执行标准名称及编号				
分包单位		分包项目经理		
		质量验收规范的规定	施工单位自检记录	监理(建设)单位验收记录
主控项目	1	乔木修剪		
	2	灌木修剪		
	3	移植修剪		
一般项目	1	修剪质量		
	2	修剪量		
施工单位检查评定结果		专业工长 (施工员)		施工班组长
		项目专业质量检查员：　　　　年　月　日		
监理(建设)单位验收结论		专业监理工程师： (建设单位项目专业负责人)　　　年　月　日		

注：本表引自北京市地方标准《园林绿化工程监理规程》(DB11/T 245—2012)。

(9) 苗木养护工程　苗木养护工程检验批质量验收记录见表 7-21。

表 7-21　苗木养护工程检验批质量验收记录　　　　　编号：

工程名称				
分部工程名称		验收部位		
施工单位		项目经理		
施工执行标准名称及编号				
分包单位		分包项目经理		
质量验收规范的规定		施工单位自检记录	监理（建设）单位验收记录	
主控项目	1	苗木状况		
	2	浇水		
	3	防病虫		
	4	防寒		
一般项目	1	除杂草		
	2	修剪		
施工单位检查评定结果		专业工长（施工员）　　　　　　　施工班组长　　　　　　　　　　　　　　　　　　　　项目专业质量检查员：　　　年　月　日		
监理（建设）单位验收结论		专业监理工程师：（建设单位项目专业负责人）　　　年　月　日		

注：本表引自北京市地方标准《园林绿化工程监理规程》(DB11/T 245—2012)。

第七章 园林工程施工验收资料

(10) 草坪养护工程　草坪养护工程检验批质量验收记录见表7-22。

表7-22　草坪养护工程检验批质量验收记录　　　　　　　　编号：

工程名称					
分部工程名称			验收部位		
施工单位			项目经理		
施工执行标准名称及编号					
分包单位			分包项目经理		
		质量验收规范的规定	施工单位自检记录	监理(建设)单位验收记录	
主控项目	1	修剪			
	2	浇水			
	3	病虫防治			
一般项目	1	施肥			
	2	除杂草、补植			
	3	更新			
施工单位检查评定结果		专业工长(施工员)		施工班组长	
		项目专业质量检查员：　　　　　　　年　月　日			
监理(建设)单位验收结论		专业监理工程师： (建设单位项目专业负责人)　　　　　年　月　日			

注：本表引自北京市地方标准《园林绿化工程监理规程》(DB11/T 245—2012)。

(11) 斜面护坡绿化工程 斜面护坡绿化工程检验批质量验收记录见表7-23。

表 7-23 斜面护坡绿化工程检验批质量验收记录　　　　编号：

工程名称				
分部工程名称			验收部位	
施工单位			项目经理	
施工执行标准名称及编号				
分包单位			分包项目经理	
		质量验收规范的规定	施工单位自检记录	监理(建设)单位验收记录
主控项目	1	护坡绿化土地整理		
	2	护坡植物种植		
	3	护坡绿化灌水、排水		
一般项目	1	护坡绿化养管		
	2			
	3			
施工单位检查评定结果		专业工长 (施工员)		施工班组长
		项目专业质量检查员：　　　　年 月 日		
监理(建设)单位验收结论		专业监理工程师： (建设单位项目专业负责人)　　　年 月 日		

注：本表引自北京市地方标准《园林绿化工程监理规程》(DB11/T 245—2012)。

5. 其他

(1) 中、筒瓦屋面工程 中、筒瓦屋面工程检验批质量验收记录见表7-24。

表7-24 中、筒瓦屋面工程检验批质量验收记录 编号：

工程名称						
分部工程名称				验收部位		
施工单位				项目经理		
施工执行标准名称及编号						
分包单位				分包项目经理		
	质量验收规范的规定			施工单位自检记录		监理(建设)单位验收记录
主控项目	1	瓦件的品种、规格、质量必须符合设计要求				
	2	不得使用疤癣、火裂及破碎缺角的瓦件				
一般项目	1	瓦棱铺设应符合要求				
	2	屋脊砌筑应符合要求				
	3	屋面外观应符合要求				
	4 允许偏差	屋脊	每间平直度			
			裂缝宽度			
			瓦片进脊			
		屋面	瓦头挑出檐口			
			襄衣盖瓦出椽子、封檐板			
			底瓦盖透斜沟			
		木基层	每平直度			
			椽子间距偏差			
			封檐板平直度			
施工单位检查评定结果			专业工长 (施工员)		施工班组长	
			项目专业质量检查员：		年 月 日	
监理(建设)单位验收结论			专业监理工程师 (建设单位项目专业负责人)		年 月 日	

(2) 竹结构工程　竹结构工程检验批质量验收记录见表7-25。

表7-25　竹结构工程检验批质量验收记录　　　　　　　编号：

工程名称				
分部工程名称		验收部位		
施工单位		项目经理		
施工执行标准名称及编号				
分包单位		分包项目经理		
	质量验收规范的规定	施工单位自检记录	监理(建设)单位验收记录	
主控项目	1	制作的竹材必须符合要求		
	2	连接部位制作应符合要求		
一般项目	1	竹结构制作榫槽符合要求		
	2	竹材烘烤应符合要求		
	3	构筑物柱与柱脚应符合要求		
	4	柱脚混凝土及铁件应符合要求		
施工单位检查评定结果		专业工长 (施工员)	施工班组长	
		项目专业质量检查员：　　　　年　月　日		
监理(建设)单位验收结论		专业监理工程师： (建设单位项目专业负责人)　　年　月　日		

(3) 屋顶绿化工程　屋顶绿化（包括地下设施覆土绿化）工程检验批质量验收记录见表 7-26。

表 7-26　屋顶绿化（包括地下设施覆土绿化）工程检验批质量验收记录　　编号：

工程名称				
分部工程名称			验收部位	
施工单位			项目经理	
施工执行标准名称及编号				
分包单位			分包项目经理	
质量验收规范的规定			施工单位自检记录	监理（建设）单位验收记录
主控项目	1	屋顶结构荷载		
	2	确保有良好防水、排灌系统		
	3	栽培基质		
	4	符合设计图纸		
一般项目	1	植物固定		
	2	植物养管		
施工单位检查评定结果			专业工长（施工员）	施工班组长
			项目专业质量检查员：　　　　年　月　日	
监理（建设）单位验收结论			专业监理工程师： （建设单位项目专业负责人）　　年　月　日	

注：本表引自北京市地方标准《园林绿化工程监理规程》（DB11/T 245—2012）。

(4) 假山、叠石 假山、叠石检验批质量验收记录见表 7-27。

表 7-27 假山、叠石检验批质量验收记录　　　　　　编号：

工程名称				
分部工程名称		验收部位		
施工单位		项目经理		
施工执行标准名称及编号				
分包单位		分包项目经理		
质量验收规范的规定			施工单位自检记录	监理(建设)单位验收记录
主控项目	1	假山、叠石的整体造型符合设计要求		
	2	临路侧的岩面应圆润		
	3	结构和使用安全必须符合要求		
	4			
一般项目	1	山势和造型应符合要求		
	2	石块缝隙施工应符合要求		
	3	块面重量的比例应符合要求		
	4	叠石堆置走向及嵌缝应符合要求		
	5			
施工单位检查评定结果		专业工长 (施工员)	施工班组长	
		项目专业质量检查员：　　　　　年　月　日		
监理(建设)单位验收结论		专业监理工程师： (建设单位项目专业负责人)　　　　　年　月　日		

第二节 园林分项工程质量验收记录

一、验收资料管理流程

园林绿化工程分项工程施工质量验收资料管理流程如图7-1所示。

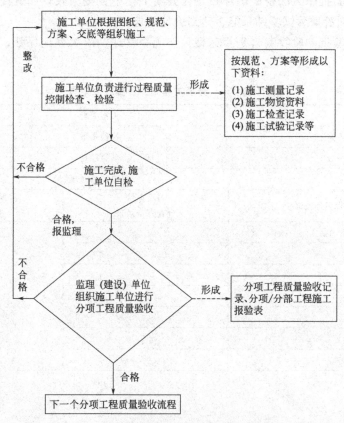

图 7-1 分项工程施工质量验收资料管理流程

二、质量验收记录填写

1. 质量验收表格

园林绿化工程分项工程施工质量验收记录常用表格见表7-28。

2. 验收记录填写要点

① 除填写表中基本参数外，首先应填写各检验批的名称、部位、区段等，注意要填写齐全。

② 表中部"施工单位检查评定结果"栏，由施工单位质量检查员填写，可以打"√"或填写"符合要求，验收合格"。

③ 表中部右边"监理单位验收结论"栏，专业监理工程师应逐项审查，同意项填写"合格"或"符合要求"，如有不同意项应做标记但暂不填写，待处理后再验收；对不同意项，监理工程师应指出问题，明确处理意见和完成时间。

④ 表下部"检查结论"栏,由施工单位项目技术负责人填写,可填"合格",然后交监理单位验收。

⑤ 表下部"验收结论"栏,由监理工程师填写,在确认各项验收合格后,填入"验收合格"。

3. 填写注意事项

① 核对检验批的部位、区段是否全部覆盖分项工程的范围,有无遗漏的部位。

② 一些在检验批中无法检验的项目,在分项工程中直接验收,如有混凝土、砂浆强度要求的检验批,到龄期后试验结果能否达到设计要求。

③ 检查各检验批的验收资料是否完整并作统一整理,依次登记保管,为下一步验收打下基础。

表 7-28 ＿＿＿分项工程施工质量验收记录

单位工程名称			工程类型	
分部(分项)工程名称			检验批数	
施工单位			项目经理	
分包单位			分包项目经理	
序号	检验批名称及部位、区段		施工单位 自查评定结果	监理(建设)单位 验收结论
说明:				
检查结果	项目专业技术负责人: 年 月 日		验收结论	监理工程师: (建设单位项目专业技术负责人): 年 月 日

注:1. 地基基础、主体结构工程的分项质量验收不填写分包单位和分包项目经理。
2. 当同一分项两栏存在多项检验批时,应填写检验批名称。

第三节 园林分部工程质量验收记录

一、验收资料管理流程

园林工程分部（子分部）工程施工质量验收资料管理流程如图7-2所示。

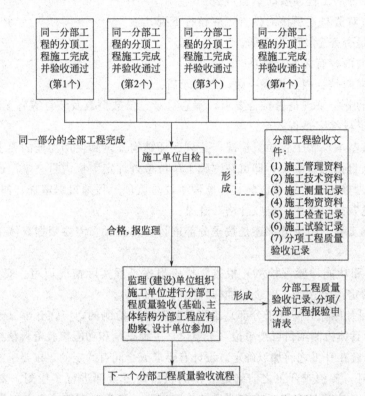

图7-2 园林绿化分部（子分部）工程施工质量验收资料管理流程

二、质量验收记录填写

1. 质量验收记录

园林绿化工程分部（子分部）工程质量验收记录见表7-29。

2. 验收记录填写要点

（1）表名前应填写分部（子分部）工程的名称，然后将"分部""子分部"两者划掉其一。

（2）工程名称、施工单位名称要填写全称，并与检验批、分项工程验收表的工程名称一致。

（3）技术、质量部门负责人是指项目的技术、质量负责人，但地基基础、主体结构及重要安装分部（子分部）工程应填写施工单位的技术、质量部门负责人。

（4）有分包单位时填写分包单位名称，分包单位要写全称，与合同或图章一致。分包单位负责人及分包技术负责人，填写本项目的项目负责人及项目技术负责人；按规定地基基础、主体结构不准分包，因此不应有分包单位。

（5）"分部工程"栏先由施工单位按顺序将分项工程名称填入，将各分项工程检验批的实际数量填入，注意应与各分项工程验收表上的检验批数量相同，并要将各分项工程验收表附后。

（6）"施工单位检查评定"栏填写施工单位对各分项工程自行检查评定的结果，可按照各分项工程验收表填写，合格的分项工程打"√"或填写"符合要求"，填写之前，应核查各分项工程是否全部都通过了验收，有无遗漏。

（7）"质量控制资料验收"栏应按单位（子单位）工程质量控制资料核查记录来核查，但是各专业只需要检查该表内对应于本专业的那部分相关内容，不需要全部检查表内所列内容，也未要求在分部工程验收时填写该表。

核查时，应对资料逐项核对检查，应核查下列几项。

① 查资料是否齐全，有无遗漏。
② 查资料的内容有无不合格项。
③ 查资料横向是否相互协调一致，有无矛盾。
④ 查资料的分类整理是否符合要求，案卷目录、份数页数及装订等有无缺漏。
⑤ 查各项资料签字是否齐全。

当确认能够基本反映工程质量情况，达到保证结构安全和使用功能的要求，该项即可通过验收。全部项目都通过验收，即可在"施工单位检查评定"栏内打"√"或标注"检查合格"，然后送监理单位或建设单位验收，监理单位总监理工程师组织审查，如认为符合要求，则在"验收意见"栏内签注"验收合格"意见。

对一个具体工程，是按分部还是按子分部进行资料验收，需要根据具体工程的情况自行确定。

（8）"安全和功能检验（检测）报告"栏应根据工程实际情况填写。安全和功能检验，是指按规定或约定需要在竣工时进行抽样检测的项目。

① 这些项目凡能在分部（子分部）工程验收时进行检测的，应在分部（子分部）工程验收时进行检测。具体检测项目可按单位（子单位）工程安全和功能检验资料核查及主要功能抽查记录中相关内容在开工之前加以确定。设计有要求或合同有约定的，按要求或约定执行。

② 在核查时，要检查开工之前确定的检测项目是否全部进行了检测。要逐一对每份检测报告进行核查，主要核查每个检测项目的检测方法、程序是否符合有关标准规定；检测结论是否达到规范的要求；检测报告的审批程序及签字是否完整等。

③ 如果每个检测项目都通过审查，施工单位即可在检查评定栏内打"√"或标注"检查合格"。由项目经理送监理单位或建设单位验收，监理单位总监理工程师或建设单位项目技术负责人组织审查，认为符合要求后，在"验收意见"栏内签注"验收合格"意见。

（9）"观感质量验收"栏的填写应符合工程的实际情况。对观感质量的评判只作定性评判，不再作量化打分。观感质量等级分为"好""一般""差"共3档。"好""一般"均为合格；"差"为不合格，需要修理或返工。

① 观感质量检查的主要方法是观察。但除了检查外观外，还应对能启动、运转或打开的部位进行启动或打开检查。并注意应尽量做到全面检查，对屋面、地下室及各类有代表性的房间、部位都应查到。

观感质量检查首先由施工单位项目经理组织施工单位人员进行现场检查，检查合格后填表，由项目经理签字后交监理单位验收。

② 监理单位总监理工程师或建设单位项目专业负责人组织对观感质量进行验收，并确定观感质量等级。认为达到"好"或"一般"，均视为合格。在"分部（子分部）工程观感

质量验收意见"栏内填写"验收合格"。评为"差"的项目，应由施工单位修理或返工。如确实无法修理，可经协商实行让步验收，并在验收表中注明。由于"让步验收"意味着工程留下永久性缺陷，故应尽量避免出现这种情况。

关于"验收意见"栏由总监理工程师与各方协商，确认符合规定，取得一致意见后，按表中各栏分项填写。可在"验收意见"各栏填入"验收合格"。

当出现意见不一致时，应由总监理工程师与各方协商，对存在的问题，提出处理意见或解决办法，待问题解决后再填表。

表7-29 分部（子分部）工程质量验收记录

单位工程名称			工程类型			
施工单位		技术部门负责人		质量部门负责人		
分包单位		分包单位负责人		分包技术负责人		
序号		分项工程名称	分项工程（检验批）数	施工单位检查评定		验收结论
1	(1)	栽植土工程				
	(2)	植物材料工程				
	(3)	植物种植工程				
	(4)	园林植物运输和假植工程				
	(5)	植物养护工程				
2		质量控制资料				
3		安全和功能检验（检测）报告				
4		观感质量验收				
验收单位	分包单位		项目经理		年 月 日	
	施工单位		项目经理		年 月 日	
	勘察单位		项目经理		年 月 日	
	设计单位		项目经理		年 月 日	
	监理（建设）单位		总监理工程师（建设单位项目专业负责人）		年 月 日	

注：地基基础、主体结构分部工程质量验收不填写"分包单位""分包单位负责人"和"分包技术负责人"。地基基础、主体结构分部工程验收勘察单位应签认，其他分部工程验收勘察单位可不签认。

(10) 分部（子分部）工程质量验收记录表中，制表时已经列出了需要签字的参加工程建设的有关单位。应由各方参加验收的代表亲自签名，以示负责。通常分部（子分部）工程质量验收记录表不需盖章。勘察单位需签认地基基础、主体结构分部工程，由勘察单位的项目负责人亲自签认。

设计单位需签认地基基础、主体结构及重要安装分部（子分部）工程，由设计单位的项目负责人亲自签认。

施工方总承包单位由项目经理亲自签认，有分包单位的，分包单位应签认其分包的分部（子分部）工程，由分包项目经理亲自签认。

监理单位作为验收方，由总监理工程师签认验收。未委托监理的工程，可由建设单位项目技术负责人签认验收。

3. 填写注意事项

(1) 核查各分部（子分部）工程所含分项工程是否齐全，有无遗漏。

(2) 核查质量控制资料是否完整,分类整理是否符合要求。

(3) 核查安全、功能的检测是否按规范、设计、合同要求全部完成,未做的应补做,核查检测结论是否合格。

(4) 对分部(子分部)工程应进行观感质量检查验收,主要检查分项工程验收后到分部(子分部)工程验收之间,工程实体质量有无变化,如有,应修补达到合格,才能通过验收。

第四节 园林单位工程质量验收记录

一、验收资料管理流程

园林绿化工程单位(子单位)工程施工质量验收资料管理流程如图 7-3 所示。

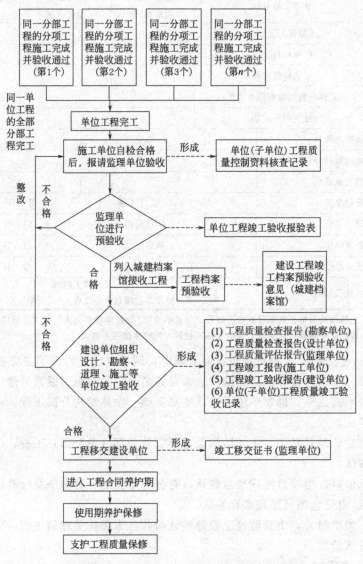

图 7-3 园林绿化工程单位(子单位)工程施工验收资料管理流程

二、质量验收记录填写

1. 工程质量竣工验收记录

(1) 管理规定

① 单位工程完工，施工单位组织自检合格后，应报请监理单位进行工程预验收，通过后向建设单位提交工程竣工报告并填报单位（子单位）工程质量竣工验收记录（表7-30）。建设单位应组织设计单位、监理单位、施工单位等进行工程质量竣工验收并记录，验收记录上各单位必须签字并加盖公章。

表7-30 单位（子单位）工程质量竣工验收记录

工程名称		建设面积		绿化面积	
施工单位		技术负责人		开工日期	
项目经理		项目技术负责人		竣工日期	
序号	项目	验收记录(施工单位填写)		验收结论(监理或建设单位填写)	
1	分部工程				
2	质量控制资料核查				
3	主要功能和安全项目抽查				
4	观感质量验收附属设施评定意见				
5	综合验收结论(建设单位填写)				
参加验收单位	建设单位 （公章） 单位(项目) 负责人： 年 月 日	勘察单位 （公章） 单位(项目) 负责人： 年 月 日	设计单位 （公章） 单位(项目) 负责人： 年 月 日	施工单位 （公章） 单位(项目) 负责人： 年 月 日	监理单位 （公章） 单位(项目) 负责人： 年 月 日

② 凡列入报送城建档案馆的工程档案，应在单位工程验收前由城建档案馆对工程档案进行预验收，并出具建设工程竣工档案预验收意见。

③ 单位工程质量竣工验收记录应由施工单位填写，验收结论由监理单位填写，综合验收结论应由参加验收各方共同商定，并由建设单位填写，主要对工程质量是否符合设计和规范要求及总体质量水平作出评价。

(2) 填写要点

1)"分部工程"栏根据各分部（子分部）工程质量验收记录填写。应对所含各分部工程，由竣工验收组成员共同逐项核查。对表中内容如有异议，应对工程实体进行检查或测试。

核查并确认合格后，由监理单位在"验收记录"栏注明共验收了几个分部，符合标准及设计要求的有几个分部，并在右侧的"验收结论"栏内，填入具体的验收结论。

2)"质量控制资料核查"栏根据单位（子单位）工程质量控制资料核查记录的核查结论填写。建设单位组织由各方代表组成的验收组成员，或委托总监理工程师，按照单位（子单位）工程质量控制资料核查记录的内容，对资料进行逐项核查。确认符合要求后，在单位（子单位）工程质量竣工验收记录右侧的"验收结论"栏内，填具体验收结论。

3)"安全和主要使用功能核查及抽查结果"栏根据单位（子单位）工程安全和功能检验资料核查及主要功能抽查记录的核查结论填写。

对于分部工程验收时已经进行了安全和功能检测的项目，单位工程验收时不再重复检测，但要核查以下内容。

① 单位工程验收时按规定、约定或设计要求，需要进行的安全功能抽测项目是否都进行了检测；具体检测项目有无遗漏。

② 抽测的程序、方法是否符合规定。

③ 抽测结论是否达到设计及规范规定。

经核查认为符合要求的，在单位（子单位）工程质量竣工验收记录中的"验收结论"栏填入符合要求的结论。如果发现某些抽测项目不全，或抽测结果达不到设计要求，可进行返工处理，使之达到要求。

4)"观感质量验收"栏根据单位（子单位）工程观感质量检查记录的检查结论填写。参加验收的各方代表，在建设单位主持下，对观感质量抽查，共同作出评价。如确认没有影响结构安全和使用功能的项目，符合或基本符合规范要求，应评价为"好"或"一般"。如果某项观感质量被评价为"差"，应进行修理。如果确难修理时，只要不影响结构安全和使用功能的，可采用协商解决的方法进行验收，并在验收表上注明。

5)"综合验收结论"栏应由参加验收各方共同商定，并由建设单位填写，主要对工程质量是否符合设计和规范要求及总体质量水平作出评价。

2. 工程质量控制资料核查记录

(1) 单位（子单位）工程质量控制资料是单位工程综合验收的一项重要内容，是单位工程包含的有关分项工程中检验批主控项目、一般项目要求内容的汇总表。

(2) 单位（子单位）工程质量控制资料核查记录（表7-31）由施工单位按照所列质量控制资料的种类、名称进行检查，并填写份数，然后提交给监理单位验收。

(3) 单位（子单位）工程质量控制资料核查记录填写时，应注意以下几点。

① 本表其他各栏内容均由监理单位进行核查，独立得出核查结论。合格后填写具体核查意见，如齐全，具体核查人在"核查人"栏签字。

② 总监理工程师在"结论"栏里填写综合性结论。

③ 施工单位项目经理在"结论"栏里签字确认。

3. 工程安全和功能检验资料核查及主要功能抽查记录

(1) 单位（子单位）工程安全和功能检验资料核查及主要功能抽查记录（表7-32）由施工单位按所列内容检查并填写数份后，提交给监理单位。

(2) 相关规定与要求

① 施工验收对能否满足安全和使用功能的项目进行强化验收。

② 对主要项目进行抽查记录，填写该表。

表 7-31 单位（子单位）工程质量控制资料核查记录

工程名称			施工单位		
序号	项目	图纸会审、设计变更、洽商记录	份数	核查意见	核查人
1	绿化种植	工程定位测量、放线记录			
2		栽植土检测报告			
3		肥料合格证			
4		苗木出圃单、植物检疫证			
5		检验批、分项、设计变更、洽商记录			
6		图纸会审、设计变更、洽商记录			
1	园林建筑及附属设施	图纸会审、设计变更、洽商记录			
2		工程定位测量、放线记录			
3		原材料出厂合格证及进场检验报告			
4		施工试验报告及见证检验报告			
5		石料产地证明（包括假山叠石）			
6		施工记录、隐藏工程验收记录			
7		预制构件、预拌合格证			
8		地基基础、主体结构检验及抽检资料			
9		检验批、分项、分部工程质量验收记录			
1	园林给排水	材料、构配件出厂合格证及进场试验报告			
2		盛水、泼水、通水、通球试验记录			
3		管道设备强度试验、严密性试验			
4		隐蔽工程验收记录			
5		施工记录			
6		检验批、分项、分部工程质量验收记录			
1	园林用电	材料、设备出厂合格证			
2		接地、绝缘电阻测试记			
3		隐蔽工程验收记录，施工质量验收记录			

结论：

施工单位：　　　　　　　　　　　　　　　　　　总监工程师：
项目经理：　　　　　　　　　　　　　　　　　　（建设单位项目负责人）
　　　年　月　日　　　　　　　　　　　　　　　　　　年　月　日

(3) 注意事项

① 本表其他栏目由总监理工程师或建设单位项目负责人组织核查、抽查并由监理单位填写。

② 监理单位经核查和抽查合格,由总监理工程师在表中"结论"栏填写综合性验收结论,并由施工单位项目经理签字确认。

③ 安全和功能的检测,如条件具备,应在分部工程验收时进行。分部工程验收时凡已经做过的安全和功能检测项目,单位工程竣工验收时不再重复检测,只核查检测报告是否符合有关规定。

(4) 其他 抽查项目由验收组协商确定。

表 7-32 单位(子单位)工程安全和功能检验资料核查及主要功能抽查记录

工程名称			施工单位			
序号	项目	安全和功能检查项目	份数	核查意见	抽查结果	核查人(抽查人)
1	园林建筑及附属设施	假山叠石搭接情况记录				
2		屋面淋水试验记录				
3		地下室防水效果检查记录				
4		有防水要求的地面蓄水试验记录				
5		建筑物垂直度、标高、全高测量记录				
6		建筑物沉降观测测量记录				
7						
1	园林给排水	给水管道通水试验记录				
2		卫生器具满试验记录				
3		排水管道通球试验记录				
4						
1	园林用电	照明全负荷试验记录				
2		大型灯具牢固性试验记录				
3		避雷接地电阻测试记录				
4		线路、插座、开关、接地检验记录				
结论:						
施工单位: 项目经理: 年 月 日			总监工程师: (建设单位项目负责人) 年 月 日			

注:抽查项目由验收组协商确定。

4. 工程观感质量检查记录

单位(子单位)工程观感质量检查记录由总监理工程师组织参加验收的各方代表,按照表中所列内容,进行实际检查,协商得出质量评价、综合评价和验收结论意见。

(1) 相关规定与要求

① 工程质量观感检查是工程竣工后进行的一项重要验收工作，是对工程的一个全面检查。

② 单位工程的质量观感验收，分为"好""一般""差"三个等级，检查的方法、程序及标准等与分部工程相同，属于综合性验收。质量评价为差的项目，应进行返修。

(2) 观感质量评定表

① 园林绿化种植工程观感质量评定表见表7-33。

② 园林建筑及附属设施工程观感质量评定表见表7-34。

表7-33 园林绿化种植工程观感质量评定表

工程名称			施工单位					
序号	项目		抽查质量状况				质量评价	
							好	一般	差
1	栽植土	外观(土色及紧实度)							
2		地形(平整度、造型和排水坡度)							
3		杂物							
4		边口线(与道路、挡土侧石)							
5	树木	姿态和生长势							
6		病虫害							
7		放样定位、定向及排列							
8		栽植深度							
9		土球包装物、培土							
10		垂直度支撑和裹杆							
11		修剪(剥芽)							
12	草坪	生长势							
13		切草边							
14									
15									
观感质量综合评价(各方商定)									
检查结论 (由监理或建设单位填写)	施工单位技术负责人： 施工单位项目经理： 　　　　　　　年 月 日					总监工程师： (建设单位项目负责人) 　　　　　　　年 月 日			
参加检查人员 签字						年 月 日			

表 7-34 园林建筑及附属设施工程观感质量评定表

工程名称			施工单位						
序号	项目	抽查质量状况						质量评价		
								好	一般	差
1	室外墙面									
2	外墙面横竖线角									
3	散水、台阶、明沟									
4	滴水槽(线)									
5	变形缝、水落管									
6	屋面坡向									
7	屋面细部									
8	屋面防水层									
9	瓦屋面铺设									
10	室内顶棚									
11	室内墙面									
12	地面楼面									
13	楼梯、踏步									
14	厕浴、阳光、泛水									
15	钢铝结构									
16	花架结点									
17	室外梁、柱									
观感质量综合评价(各方商定)										
检查结论 (由监理或建设单位填写)	施工单位技术负责人：　　　　　　总监工程师： 施工单位项目经理：　　　　　　（建设单位项目负责人） 　　　　年 月 日　　　　　　　　年 月 日									
参加检查人员签字	年 月 日									

③ 假山叠石单位工程观感质量评定表见表 7-35。

表 7-35 假山叠石单位工程观感质量评定表

工程名称										施工单位				
序号	项目		抽查质量状况								质量评价			
一	假山叠石										好	一般		差
1	石料搭配比例													
2	冲洗清洁													
3	嵌缝													
4	预埋设施													
5	瀑布													
6	汀步													
7	石笋孤赏石													
二	艺术造型													
三	安全(质量)													
1	搭接牢度													
2	稳固													
3	使用安全													
四	水电													
观感质量综合评价(各方商定)														
检查结论 (由监理或建设单位填写)	施工单位技术负责人： 施工单位项目经理： 　　　　　　年　月　日									总监工程师： (建设单位项目负责人) 　　　　　　年　月　日				
参加检查人员签字													年　月　日	

④ 大树移植工程观感质量评定表见表 7-36。

(3) 填写注意事项

① 参加验收的各方代表,经共同检查确认没有影响结构安全和使用功能等问题,可共同商定评价意见。评价为"好"或"一般"的项目由总监理工程师在"检查结论"栏内填写验收结论。

② 如有被评价为"差"的项目,属不合格项,应返工修理,并重新验收。

③ "抽查质量状况栏"可填写具体数据。

表 7-36 大树移植工程观感质量评定表

工程名称			施工单位							
序号	项目		抽查质量状况						质量评价	
									好	一般	差
1	栽植土	外观(土色及紧实度)									
		地形(平整度、排水坡度)									
		杂物									
2	姿态和生长势										
3	病虫害										
4	放样定位、定向及排列										
5	栽植深度、土球包装物、培土										
6	垂直度支撑和裹杆										
7	修剪(剥芽)										
观感质量综合评价(各方商定)											
检查结论 (由监理或建设单位填写)	施工单位技术负责人: 施工单位项目经理: 年 月 日				总监工程师: (建设单位项目负责人) 年 月 日						
参加检查人员签字									年 月 日		

第五节 园林工程竣工验收资料

一、工程竣工验收依据

(1) 有关主管部门对本工程的审批文件。
(2) 施工合同。
(3) 全部施工图纸及说明文件。
(4) 设计变更、工程洽商等文件。
(5) 材料等统计明细表及证明文件。
(6) 国家颁发的相关验收规范及其他相关质量评定的标准文件。
(7) 其他有关竣工验收的文件。

二、工程竣工验收资料

1. 工程竣工总结

园林绿化工程竣工总结应包括以下内容：工程概况；竣工的主要工程数量和质量情况；使用了何种新技术、新工艺、新材料、新设备；施工过程中遇到的问题及处理方法；工程中发生的主要变更和洽商；遗留的问题及建议等。

2. 工程竣工图

园林绿化工程竣工后应及时进行竣工图的整理。绘制竣工图须遵照以下原则。

(1) 凡在施工中，按图施工没有变更的，在新的原施工图上加盖"竣工图"的标志后，可作为竣工图。

(2) 无大变更的，应将修改内容按实际发生的描绘在原施工图上，并注明变更或洽商编号，加盖"竣工图"标志后作为竣工图。

(3) 凡结构形式改变、工艺改变、平面布置改变、项目改变以及其他重大改变；或虽非重大变更，但难以在原施工图上表示清楚的，应重新绘制竣工图。改绘竣工图，必须使用不褪色的黑色绘图墨水。

3. 工程竣工报告

工程竣工报告是由施工单位对已完工程进行检查，确认工程质量符合有关法律、法规和工程建设强制性标准，符合设计及合同要求而提出的工程告竣文书。该报告应经项目经理和施工单位有关负责人审核签字加盖公章。实行监理的工程，工程竣工报告必须经总监理工程师签署意见。

工程完工后由施工单位编写工程竣工报告（施工总结），主要包括以下内容。

(1) 工程概况　工程名称，工程地址，工程结构类型及特点，主要工程量，建设、勘察、设计、监理、施工（含分包）单位名称，施工单位项目经理、技术负责人、质量管理负责人等情况。

(2) 工程施工过程　开工、完工日期，主要/重点施工过程的简要描述。

(3) 合同及设计约定施工项目的完成情况。

(4) 工程质量自检情况　评定工程质量采用的标准，自评的工程质量结果（对施工主要环节质量的检查结果，有关检测项目的检测情况、质量检测结果，功能性试验结果，施工技术资料和施工管理资料情况）。

（5）主要设备调试情况。

（6）其他需说明的事项 有无甩项，有无质量遗留问题，需说明的其他问题，建设行政主管部门及其委托的工程质量监督机构等有关部门责令整改问题的整改情况。

（7）经质量自检，工程是否具备竣工验收条件。

项目经理、单位负责人签字，单位盖公章，填写报告日期，有监理的工程还应由总监理工程师签署意见并签字。

三、 工程竣工验收移交

（1）预验收合格后，经总监理工程师签署质量评估报告。报告主要内容是：工程概况，承包单位基本情况，主要采取的施工方法，各类工程质量状况，施工中发生过的质量事故和主要质量问题及其原因分析和处理结果，总体综合评估意见。整理监理资料，书面通知建设单位可以组织正式竣工验收。

（2）参加建设单位组织的竣工验收。对验收中提出的整改问题，项目监理部应要求承包单位进行整改。工程质量符合质量要求后由总监理工程师会同参加验收各方签认。

（3）办理竣工结算手续。

（4）竣工验收后，总监理工程师和建设单位代表共同签署竣工移交证书监理单位和建设单位盖章后，送承包单位一份。

第八章

园林工程资料归档与管理

第一节 工程资料案卷构成

一、工程资料案卷封面

工程资料案卷封面（表 8-1）包括名称、案卷题名、编制单位、技术主管、编制日期

表 8-1 工程资料案卷封面

工程 资 料
名　　称：
案卷题名：
编制单位：
技术主管：
编制日期：　　自　　年月日起　　　至　　年月日止
保管期限：　　　　　　　　密级：
保存档号：
共　册　第　册

(以上由移交单位填写)、保管期限、密级、共＿＿册第＿＿册等（由档案接收部门填写）。填写时，应符合下列规定：

（1）名称　填写工程建设项目竣工后使用名称（或曾用名）。若本工程分为几个（子）单位工程应在第二行填写（子）单位工程名称。

（2）案卷题名　填写本卷卷名。第一行按单位、专业及类别填写案卷名称；第二行填写案卷内主要资料内容提示。

（3）编制单位　本卷档案的编制单位，并加盖公章。

（4）技术主管　编制单位技术负责人签名或盖章。

（5）编制日期　填写卷内资料材料形成的起（最早）、止（最晚）日期。

（6）保管期限　由档案保管单位按照本单位的保管规定或有关规定填写。

（7）密级　由档案保管单位按照本单位的保密规定或有关规定填写。

二、工程资料案卷目录及备考表

1. 工程资料卷内目录

工程资料卷内目录（表 8-2）的内容包括序号、工程资料题名、原编字号、编制单位、编制日期、页次和备注。卷内目录内容应与案卷内容相符，排列在封面之后，原资料目录及设计图纸目录不能代替。

表 8-2　工程资料卷内目录

工程名称					
序号	工程资料名称	原编字号	编制单位	编制日期	页数	备注
1	钢筋质量证明及试验报告			年　月　日		
2	水泥质量证明及试验报告			年　月　日		
3	砂试验报告			年　月　日		
4	石试验报告			年　月　日		
5	外加剂质量证明及试验报告			年　月　日		
6	防水卷材质量证明及试验报告			年　月　日		
7	防水涂料质量证明及试验报告			年　月　日		
8	砌块质量证明及试验报告			年　月　日		
9	装饰装修材料质量证明			年　月　日		

（1）序号　案卷内资料排列先后用阿拉伯数字从 1 开始一次标注。

（2）工程资料题名　填写文字材料和图纸名称，无标题的资料应根据内容拟写标题。

（3）原编字号　资料制发机关的发字号或图纸原编图号。

（4）编制单位　资料的形成单位或主要负责单位名称。

（5）编制日期　资料的形成时间（文字材料为原资料形成日期，竣工图为编制日期）。

（6）页次　填写每份资料在本案卷的页次或起止的页次。

(7) 备注　填写需要说明的问题。

2. 分项目录

(1) 分项目录（一）（表8-3）适用于施工物资材料（C4）的编目，目录内容应包括资料名称、厂名、型号规格、数量、使用部位等，有进场见证试验的，应在备注栏中注明。

表8-3　分项目录（一）

工程名称		××园林绿化工程			物资类别		水泥	
序号	资料名称	厂名	品种、型号、规格	数量	使用部位	页次	备注	
1	水泥出厂检验报告及28d强度补报单							
2	水泥厂家资质证书							
3	水泥试验报告							
4	水泥出厂检验报告及28d强度补报单							
5	水泥出厂检验报告及28d强度补报单							
6	水泥试验报告							
8								
9								
10								

注：本表用于施工物资资料编目。

(2) 分项目录（二）（表8-4）适用于施工测量记录（C3）和施工记录（C5）的编目，目录内容包括资料名称、施工部位和日期等。

表8-4　分项目录（二）

工程名称			物资类别	基础主体结构钢筋工程	
序号	施工部位(内容摘要)	日期	页次	备注	
1	基础底板钢筋绑扎	年　月　日			
2	地下二层墙体钢筋绑扎	年　月　日			
3	地下二层顶板钢筋绑扎	年　月　日			
4	地下一层墙体钢筋绑扎	年　月　日			
5	地下一层顶板钢筋绑扎	年　月　日			
6	首层①~⑥/A~D轴墙体钢筋绑扎	年　月　日			
7	首层⑦~/A~D轴墙体钢筋绑扎	年　月　日			
8	首层①~⑥/A~D轴顶板、梁钢筋绑扎	年　月　日			
9	首层⑦~/A~D轴顶板、梁钢筋绑扎	年　月　日			
10	二层①~⑥/A~D轴墙体钢筋绑扎	年　月　日			
11	二层⑦~/A~D轴墙体钢筋绑扎	年　月　日			
12	二层①~⑥/A~D轴顶板、梁钢筋绑扎	年　月　日			
13	二层⑦~/A~D轴顶板、梁钢筋绑扎	年　月　日			

注：本表适用于施工测量记录、施工记录的编目。

① 资料名称：填写表格名称或资料名称。
② 施工部位：应填写测量、检查或记录的层、轴线和标高位置。
③ 日期：填写资料正式形成的年、月、日。

3. 工程资料卷内备考表

园林绿化工程资料卷内备考表（表 8-5）的内容应包括卷内文字材料张数、图样材料张数、照片张数等，立卷单位的立卷人、审核人及接收单位的审核人、接收人应签字。

（1）案卷审核备考表分为上下两栏，上一栏由立卷单位填写，下一栏由接受单位填写。

（2）上栏应表明本案卷一编号资料的总张数：指文字、图纸、照片等的张数。

审核说明填写立卷时资料的完整和质量情况，以及应归档而缺少的资料的名称和原因；立卷人有责任立卷人签名；审核人有案卷审查人签名；年月日按立卷、审核时间分别填写。

（3）下栏由接收单位根据案卷的完成及质量情况标明审核意见。

技术审核人由接收单位工程档案技术审核人签名；档案接收人由接收单位档案管理接收人签名；年月日按审核、接收时间分别填写。

表 8-5 工资资料卷内备考表

工资资料卷内备考表	案卷编号
本案卷已编号的文件资料共____张，其中：文字资料____张，图样资料____，照片____张。	
对本案卷完整、准确情况的说明： 立卷人：　　　　年　月　日 审核人：　　　　年　月　日	
保存单位的审核人说明： 技术审核人：　　　年　月　日 档案接受人：　　　年　月　日	

注：本表适用于档案资料编目。

三、城市建设档案资料案卷实例

1. 工程档案卷封面

使用城市建设档案封面（表 8-6），注明工程名称、案卷题名、编制单位、技术主管、保存期限、档案密级等。

2. 工程档案卷内目录

使用城市建设档案卷内目录（表 8-7），内容包括顺序号、文件材料题名、原编字号、编制单位、编制日期、页次、备注等。

3. 工程档案卷内备案

使用城市建设档案案卷审核备考表（表 8-8），内容包括卷内文字材料张数，图样材料张数，照片张数和立卷单位的立卷人、审核人及接收单位的审核人、接收人的签字。

城市建设档案案卷审核备考表的下栏部分由城市建设档案馆根据案卷的完整及质量情况标明审核意见。

表 8-6 城市建设档案封面

档案馆代号：

```
                    城市建设档案

    名    称：_____

    案卷题名：_____
             _____

    编制单位：_____

    技术主管：_____

    编制日期：_____ 自   年  月  日起       至   年  月  日止

    保管期限：_____  密级：_____

    保存档号：_____

                    共    册    第    册
```

表 8-7 城市建设档案卷内目录

序号	文件材料题名	原编字号	编制单位	编制日期	页次	备注
1	图纸会审纪录			年 月 日		
2	工程洽商记录			年 月 日		
3	工程定位测量记录			年 月 日		
4	基槽验线记录			年 月 日		
5	钢材试验报告			年 月 日		
6	水泥试验报告			年 月 日		
7	砂试验报告			年 月 日		
8	碎(卵)石试验报告			年 月 日		
9	预拌混凝土出厂合格证			年 月 日		
10	地基验槽检查记录			年 月 日		
11	隐蔽工程检查记录			年 月 日		
12	钢筋连接试验报告			年 月 日		
13	混凝土试块强度统计、评定记录			年 月 日		

表 8-8　城市建设档案案卷审核备考表

本案卷已编号的文件材料共_____张,其中:文字材料_____张,图样材料_____张,照片_____张。	
对本案卷完整、准确情况的说明： 立卷人：　　　　　　年　月　日 审核人：　　　　　　年　月　日	
接收单位(档案馆)的审核说明： 技术审核人：　　　　　年　月　日 档案接收人：　　　　　年　月　日	

四、工程资料案卷规格与装订

1. 案卷规格

卷内资料、封面、目录、备考表统一采用 A4 幅（197mm×210mm）尺寸，图纸分别采用 A0（841mm×1189mm）、A1（594mm×841mm）、A2（420mm×594mm）、A3（297mm×420mm）、A4（297mm×210mm）幅面。小于 A4 幅面的资料要用 A4 白纸（297mm×210mm）衬托。

2. 案卷装具

案卷采用统一规格尺寸的装具。属于工程档案的文字、图纸材料一律采用城建档案馆监制的硬壳卷夹或卷盒，外表尺寸 310mm（高）×220mm（宽），卷盒厚度尺寸分别为 50mm、30mm 两种，卷夹厚度尺寸为 25mm；少量特殊的档案也可采用外表尺寸为 310mm（高）×430mm（宽），厚度尺寸为 50mm。案卷软（内）卷皮尺寸为 297mm（高）×210mm（宽）。

3. 案卷装订

(1) 文字材料必须装订成册，图纸材料可装订成册，也可散装存放。

(2) 装订时要剔除金属物，装订线一侧根据案卷薄厚加垫草板纸。

(3) 案卷用棉线在左侧三孔装订，棉线装订结打在背面。装订线距左侧 20mm，上下 2 孔分别距中孔 80mm。

(4) 装订时，须将封面、目录、备考表、封底与案卷一起装订。图纸散装在卷盒内时，需将案卷封面、目录、备考表 3 件用棉线在左上角装订在一起。

4. 案卷脊背编制

案卷脊背项目有档号、案卷题名，由档案保管单位填写。城建档案的案卷脊背由城建档案馆填写。

第二节 工程竣工图编制

一、竣工图类型

园林绿化工程竣工图大致可分为以下3种，报送底图、蓝图均可。
① 重新绘制的竣工图。
② 在二底图（底图）上修改的竣工图。
③ 利用施工图改绘的竣工图。

二、竣工图绘制要求

(1) 工程竣工图应按单位工程进行整理和编制。编绘竣工图，必须采用不褪色的黑色绘图墨水。

(2) 专业竣工图应包括各部位、各专业深化（二次）设计的相关内容，不得漏项或重复。

(3) 凡结构形式改变、工艺改变、平面布置改变、项目改变以及其他重大改变，或者在一张图纸上改动部位超过1/3以及修改后图面混乱、分辨不清的图纸均应重新绘制。

(4) 管线竣工测量资料的测点编号、数据及反映的工程内容要编绘在竣工图上。

(5) 凡工程现状与施工图不相符的内容，均须按工程现状清楚、准确地在图纸上予以修正。如在工程图纸会审、设计交底时修改的内容、工程洽商或设计变更修改的内容，施工过程中建设单位和施工单位双方协商修改（无工程洽商）的内容等均须如实地绘制在竣工图上。

三、竣工图绘制

1. 重新绘制的竣工图

工程竣工后，按工程实际重新绘制竣工图，虽然工作量大，但能保证质量。

(1) 重新绘制时，要求原图内容完整无误，修改内容也必须准确、真实地反映在竣工图上。绘制竣工图要按制图规定和要求进行，必须参照原施工图和该专业的统一图示，并在底图的右下角绘制竣工图图签。

(2) 各种专业工程的总平面位置图，比例尺一般采用1：（500～10000）。管线平面图，比例尺一般采用1：（500～2000）。要以地形图为依托，摘要地形、地物标准坐标数据。

(3) 改、扩建及废弃管线工程在平面图上的表示方法

① 利用原建管线位置进行改造、扩建管线工程，要表示原建管线的走向、管材和管径，表示方法采用加注符号或文字说明。

② 随新建管线而废弃的管线，无论是否移出埋设现场，均应在平面图上加以说明，并注明废弃管线的起、止点，坐标。

③ 新、旧管线勾头连接时，应标明连接点的位置（桩号）、高程及坐标。

(4) 管线竣工测量资料与其在竣工图上的编绘。竣工测量的测点编号、数据及反映的工程内容（指设备点、折点、变径点、变坡点等）应与竣工图相对应一致。并绘制检查井、小室、人孔、管件、进出口、预留管（口）位置、与沿线其他管线和设施的交叉点等。

(5) 重新绘制竣工图可以整套图纸重绘，可以部分图纸重绘，也可是某几张或一张图纸

重新绘制。

2. 在二底图（硫酸纸图）上修改的竣工图

在用施工蓝图或设计底图复制的二底图或原底图上，将工程洽商和设计变更的修改内容进行修改，修改后的二底（硫酸纸）图晒制的蓝图作为竣工图是一种常用的竣工图绘制方法。

（1）在二底图上修改，要求在图纸上做一修改备考表（表 8-9），备考表的内容为洽商变更编号、修改内容、责任人和日期。

表 8-9 修改备考表

洽商编号	修改内容	修改人	日期

（2）修改的内容应与工程洽商和设计变更的内容相一致，主要简要地注明修改部位和基本内容。实施修改的责任人要签字并注明修改日期。

（3）二底图（底图）上的修改采用刮改，凡修改后无用的文字、数字、符号、线段均应刮掉，而增加的内容需全部准确地绘制在图上。

（4）修改后的二底图（底图）晒制的蓝图作为竣工图时，要在蓝图上加盖竣工图章。

（5）如果在二底图（底图）上修改的次数较多，个别图面如出现模糊不清等质量问题，需进行技术处理或重新绘制，以期达到图面整洁、字迹清楚等质量要求。

3. 利用施工图改绘的竣工图

（1）改绘方法 具体的改绘方法可视图面、改动范围和位置、繁简程度等实际情况而定。常用的改绘方法有杠改法、叉改法、补绘法、补图法和加写说明法。

① 杠改法。在施工蓝图上将取消或修改前的数字、文字、符号等内容用一横杠杠掉（不是涂改掉），在适当的位置补上修改的内容，并用带箭头的引出线标注修改依据，即"见××年××月××日洽商×条"或"见×号洽商×条"（图 8-1），用于数字、文字、符号的改变或取消）。

② 叉改法。在施工蓝图上将去掉和修改前的内容，打叉表示取消，在实际位置补绘修改后的内容，并用带箭头的引出线编注修改依据，用于线段图形、图表的改变与取消，具体修改见图 8-2。

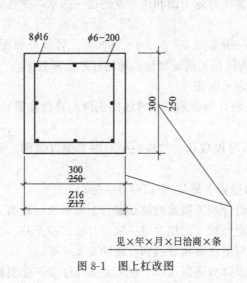

图 8-1 图上杠改图

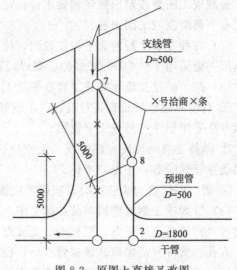

图 8-2 原图上直接叉改图

③ 补图法。在施工蓝图上将增加的内容按实际位置绘出，或者某一修改后的内容在图纸的绘大样图修改，并用带箭头的引出线在应修改部分和绘制的大样图处标注修改依据。适用于设计增加的内容、设计时遗漏的内容，在原修改部位修改有困难，需另绘大样修改。具体修改意见如补绘大样图（图 8-3）。

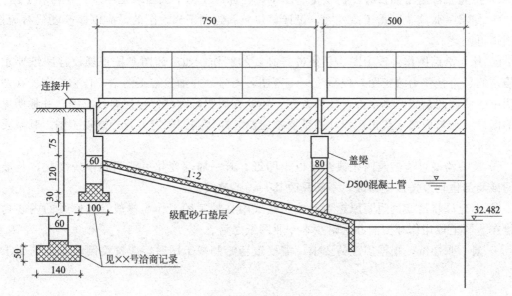

图 8-3　在图纸空白位置补绘大样图

④ 补绘法。当某一修改内容在原图无空白处修改时，采用把应改绘的部位绘制成补图，补在本专业图纸之后。具体做法是在应修改的部位注明修改范围和修改依据，在修改的补图上要绘图签，标明图名、图号、工程号等内容，并在说明中注明是某图某部位的补图，并写清楚修改依据。一般适用于难在原修改部位修改和本图又无空白处时某一剖面图大样图或改动较大范围的修改。

⑤ 加写说明法。凡工程洽商、设计变更的内容应当在竣工图上修改的，均应用作图的方法改绘在蓝图上，一律不再加写说明，如果修改后的图纸仍然有些内容没有表示清楚，可用精练的语言适当加以说明。一般适用于说明类型的修改、修改依据的标注等。

（2）改绘要求

① 修改时，字、线、墨水使用的规定如下。

字：采用仿宋字，字体的大小要与原图采用字体的大小相协调，严禁错、别、草字。

线：一律使用绘图工具，不得徒手绘制。

墨水：使用黑色墨水。严禁用圆珠笔、铅笔和非黑色墨水。

② 改绘用图的规定：改绘竣工图所用的施工蓝图一律为新图，图纸反差要明显，以适应缩微、计算机输入等技术要求。凡旧图、反差不好的图纸不得作为改绘用图。

③ 修改方法的规定：施工蓝图的改绘不得用刀刮、补贴等办法修改，修改后的竣工图不得有污染、涂抹、覆盖等现象。

④ 修改内容和有关说明均不得超过原图框。

（3）改绘应注意的问题

① 原施工图纸目录必须加盖竣工图章，作为竣工图归档，凡有作废的图纸、补充的图纸、增加的图纸、修改的图纸，均要在原施工图目录上标注清楚，即作废的图纸在目录上杠掉，补充、增加的图纸在目录上列出图名、图号。

② 按施工图施工而没有任何变更的图纸，在原施工图上加盖竣工图章，作为竣工图。

③ 如某一张施工图由于改变大，设计单位重新绘制了修改图的，应以修改图代替原图，原图不再归档。

④ 凡是洽商图作为竣工图，必须进行必要的制作。如洽商图是按正规设计图纸要求进行绘制的可直接作为竣工图，但需统一编写图名图号，并加盖竣工图章，作为补图。在图纸说明中注明此图是哪图哪个部位的修改图，还要在原图修改部位标注修改范围，并标明见补图的图号。如洽商图未按正规设计图纸要求绘制，应按制图规定另行绘制竣工图，其余要求同上。

⑤ 某一洽商可能涉及两张或两张以上图纸，某一局部变化可能引起系统变化，凡涉及的图纸及部位均应按规定修改，不能只改其一，不改其二。

⑥ 不允许将洽商的附图原封不动地贴在或附在竣工图上作为修改。凡修改的内容均应改绘在蓝图上或用作补图的办法附在本专业图纸之后。

⑦ 某一张图纸，根据规定的要求，需要重新绘制竣工图时，应按绘制竣工图的要求制图。

四、竣工图章或图签

工程竣工图应加盖竣工图章或绘制竣工图签，竣工图图签用于绘制的竣工图。竣工图图章用于施工图改绘的竣工图和二底图改绘的竣工图。

（1）竣工图章（签）应具有明显的"竣工图"字样，并包括有编制单位名称、制图人、审核人、技术负责人和编制日期等项内容，如图8-4所示。如工程监理单位实施对工程档案编制工作进行监理，在竣工图章上还应有监理单位名称、现场监理、总监理工程师等项内容，如图8-5所示。

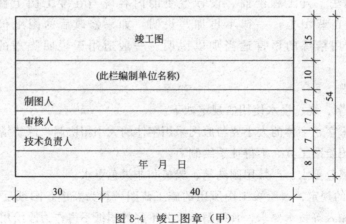

图8-4 竣工图章（甲）

竣工图图签也可以参照竣工图图章的内容进行绘制，但要增加工程名称、图名、图号及

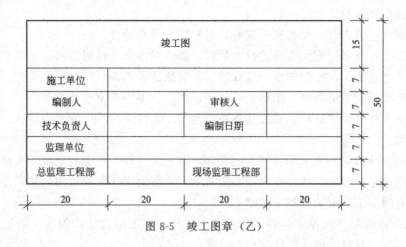

图 8-5 竣工图章（乙）

注意保留原施工图工程号、原图编号等项目内容（图 8-6）。

图 8-6 竣工图签

(2) 竣工图章（签）的位置规定

① 重新绘制的竣工图应绘制竣工图签，图签位置在图纸右下角。

② 用施工图改绘的竣工图，将竣工图章加盖在原图签右上方，如果此处有内容，可在原图签附近空白处加盖，如原图签周围均有内容，可找一内容比较少的位置加盖。

③ 用二底图修改的竣工图，应将竣工图章盖在原图签右上方。

(3) 竣工图章（签）是竣工图的标志和依据，要按规定填写图章（签）上各项内容。加盖竣工图章（签）后，原施工图转化为竣工图，竣工图的编制单位、制图人、审核人、技术负责人以及监理单位要对本竣工图负责。

(4) 原施工蓝图的封面、图纸目录也要加盖竣工图章，作为竣工图归案，并置于各专业图纸之前。重新绘制的竣工图的封面、图纸目录，不必绘制竣工图签。

第三节 工程资料归档管理

一、工程资料文件质量要求

(1) 归档的工程资料应为原件。工程资料的内容必须真实准确，与工程实际相符合。

(2) 工程文件的内容及其深度必须符合国家有关工程勘察、设计、施工、监理等方面的技术规范、标准和规程。

(3) 工程文件的内容必须真实、准确，与实际工程相符合。

(4) 工程文件应采用耐久性强的收写材料，如碳素墨水、蓝黑墨水，不得使用易褪色的书写材料，如红色墨水、纯蓝墨水、圆珠笔、复写纸、铅笔等。

(5) 工程文件应字迹清楚，图样清晰，图表整洁，签字盖章手续完备。

(6) 工程文件中文字材料幅面尺寸规格宜为 A4 幅面（297mm×210mm）。图纸宜采用国家标准图幅。

(7) 工程文件的纸张应采用能够长期保存的韧力大、耐久性强的纸张。图纸一般采用蓝晒图，竣工图应是新蓝图。计算机出图必须清晰，不得使用计算机出图的复印件。

(8) 所有竣工图均应加盖竣工图章。

① 竣工图章的基本内容应包括"竣工图"字样、施工单位、编制人、审核人、技术负责人、编制日期、监理单位、现场监理、总监。

② 竣工图章应使用不易褪色的红印泥，应盖在图标栏上方空白处。

(9) 利用施工图改绘竣工图，必须标明变更修改依据；凡施工图结构、工艺、平面布置等有重大改变，或变更部分超过图画 1/3 的应当重新绘制竣工图。不同幅面的工程图纸应按《技术制图、复制图的折叠方法》（GB/T 10609.3—2009）统一折叠成 A4 幅面（297mm×210mm），图标栏露在外面。

二、工程资料移交

(1) 工程资料移交书（表 8-10） 工程资料移交书是工程资料进行移交的凭证，应由移交日期和移交单位、接收单位的盖章。

表 8-10 工程资料移交书

_____按有关规定向_____办理_____工程资料移交手续。共计_____册。其中图样材料_____册，文字材料_____册，其他材料_____张（　）。
附：工程资料移交目录
移交单位(公章)：　　　　　　　　　　　　　　接收单位(公章)：
单位负责人：　　　　　　　　　　　　　　　　单位负责人：
技术负责人：　　　　　　　　　　　　　　　　技术负责人：
移　交　人：　　　　　　　　　　　　　　　　接　收　人：
移交日期：　年　月　日

(2) 工程档案移交书 使用城市建设档案移交书（表 8-11），为竣工档案进行移交的凭证，应有移交日期和移交单位、接收单位的盖章。

(3) 工程档案微缩品移交书 使用城市建设档案微缩品移交书（表 8-12），为竣工档案进行移交的凭证，应有移交日期和移交单位、接收单位的盖章。

表 8-11　城市建设档案移交书

＿＿＿＿＿＿＿按有关规定向＿＿＿＿＿＿＿移交＿＿＿＿＿＿＿档案共计＿＿＿册。其中：图样材料＿＿＿册，文字材料＿＿＿册，其他材料＿＿＿张（ ）。 附：城市建设档案移交目录一式三份，共3张。 移交单位(公章)：　　　　　　　　　　　　接收单位(公章)： 单位负责人：　　　　　　　　　　　　　　单位负责人： 移　交　人：　　　　　　　　　　　　　　接　收　人： 　　　　　　　　　　　　　　　　　　　　　移交日期：　　年　月　日

表 8-12　城市建设档案缩微品移交书

＿＿＿＿＿＿＿向＿＿＿＿＿＿＿移交＿＿＿＿＿＿＿工程缩微品档案。档号＿＿＿＿＿＿＿，缩微号＿＿＿＿＿＿＿。卷片共＿＿＿＿＿＿＿盘，开窗卡＿＿＿＿＿＿＿张。其中母片：卷片共＿＿＿＿＿＿＿盘，开窗卡＿＿＿＿＿＿＿张；拷贝片：卷片共＿＿＿＿＿＿＿套＿＿＿＿＿＿＿盘，开窗卡＿＿＿＿＿＿＿套＿＿＿＿＿＿＿张。缩微原件共＿＿＿＿＿＿＿册，其中文字材料＿＿＿册，图样材料＿＿＿册，其他材料＿＿＿册。 附：城市建设档案缩微品移交目录 移交单位(公章)：　　　　　　　　　　　　接收单位(公章)： 单位负责人：　　　　　　　　　　　　　　单位负责人： 移　交　人：　　　　　　　　　　　　　　接　收　人： 　　　　　　　　　　　　　　　　　　　　　移交日期：　　年　月　日

（4）工程资料移交目录　工程资料移交，办理的工程资料移交书应附工程资料移交目录（表 8-13）。

（5）工程档案移交目录　工程档案移交，办理的工程档案移交书应附城市建设档案移交目录(表 8-14)。

表 8-13 工程资料移交目录

工程项目名称：××园林绿化工程

序号	案卷题名	数量						备注
		文字材料		图样资料		综合卷		
		册	张	册	张	册	张	
1	施工资料——施工管理资料							
2	施工资料——施工技术资料							
3	施工资料——施工测量资料							
4	施工资料——施工物资资料							
5	施工资料——施工记录							
6	施工资料——施工质量验收记录							
7	园林建筑及附属设施竣工图							
8	园林给排水竣工图							
9	园林用电竣工图							

表 8-14 城市建设档案移交目录

序号	工程项目名称	案卷题名	形成时间	数量						备注
				文字材料		图样材料		综合卷		
				册	张	册	张	册	张	
1		基建文件	年 月							
2		监理文件	年 月							
3		工程管理与验收施工文件	年 月							
4		园林建筑及附属设施工程施工文件	年 月							
5		园林给排水施工文件	年 月							
6		园林用电施工文件	年 月							
7		园林建筑及附属设施竣工图	年 月							
8		园林给排水竣工图	年 月							
9		园林用电竣工图	年 月							

三、工程资料立卷

1. 工程资料立卷

工程资料立卷应遵循文件的自然形成规律，保持卷内文件的有机联系，利于档案的保管和利用。一个建设工程由多个单位工程组成时，工程文件应按单位工程组卷。立卷可采用如下方法。

① 工程文件可按建设程序划分为工程准备阶段的文件、监理文件、施工文件、竣工图、竣工验收文件五部分。

② 工程准备阶段文件可按建设程序、专业、形成单位等组卷。

③ 监理文件可按单位工程、分部工程、专业、阶段等组卷。

④ 施工文件可按单位工程、分部工程、专业、阶段等组卷。

⑤ 竣工图可按单位工程、专业等组卷。

⑥ 竣工验收文件按单位工程、专业等组卷。

立卷过程中，案卷不宜过厚，一般不超过40mm。案卷内不应有重份文件；不同载体的文件一般应分别组卷。

2. 卷内文件页号

资料员应对案卷内工程资料进行编号，并符合下列规定。

① 卷内文件均按有书写内容的页面编号。每卷单独编号，页号从"1"开始。

② 页号编写位置：单面书写的文件在右下角；双面书写的文件，正面在右下角，背面在左下角。折叠后的图纸一律在右下角。

③ 成套图纸或印刷成册的科技文件材料，自成一卷的，原目标可代替卷内目录，不必重新编写页码。

④ 案卷封面、卷内目录、卷内备考表不编写页号。

3. 工程资料排列

(1) 文字资料按事项、专业顺序排列。同一事项的请示与批复、同一文本的印本与定稿、主件与附件不能分开，并按批复在前、请示在后，印本在前、定稿在后，主件在前、附件在后的顺序排列。

(2) 图纸按专业排列，同专业图纸按图号顺序排列。

(3) 既有文字材料又有图纸的案卷，文字材料排前，图纸排后。

四、工程资料归档

(1) 园林绿化工程资料归档的规定

① 归档文件必须完整、准确、系统，能够反映工程建设活动的全过程。

② 归档的文件必须经过分类整理，并应组成符合要求的案卷。

(2) 归档时间规定

① 根据建设程序和工程特点，归档可以分阶段分期进行，也可以在单位或分部工程通过竣工验收后进行。

② 勘察、设计单位应当在任务完成时，施工、监理单位应当在工程竣工验收前，将各自形成的有关工程档案向建设单位归档。

(3) 勘察、设计、施工单位在收齐工程文件并整理立卷后，建设单位、监理单位应根据城建档案管理机构的要求对档案文件完整、准确、系统情况和案卷质量进行审查。审查合格后向建设单位移交。

（4）工程档案一般不少于 2 套，一套由建设单位保管，一套（原件）移交当地城建档案馆（室）。

（5）勘察、设计、施工、监督等单位向建设单位移交档案时，应编制移交清单，双方签字、盖章后方可交接。

（6）凡设计、施工及监理单位需要向本单位归档的文件，应按国家有关规定和相关要求单位立卷归档。

参考文献

[1] 中华人民共和国住房和城乡建设部．GB/T 50328—2014 建设工程文件归档规范［S］．北京：中国建筑工业出版社，2015．

[2] 中华人民共和国建设部．CJJ/T 91—2002 园林基本术语标准（附条文说明）［S］．北京：中国建筑工业出版社，2002．

[3] 杨广平，孟嫩娜．建设工程资料员读本［M］．北京：化学工业出版社，2007．

[4] 本书编委会．园林绿化工程［M］．北京：中国建筑工业出版社，2004．

[5] 梁伊仁．园林建设工程［M］．北京：中国城市出版社，2000．

[6] 虞德平．园林绿化施工技术资料编制手册［M］．北京：中国建筑工业出版社，2006．

[7] 张京．园林施工工程师手册［M］．北京：北京中科多媒体电子出版社，1996．

[8] 陈科东．园林工程施工与管理［M］．北京：高等教育出版社，2002．

[9] 周初梅．园林建筑设计与施工［M］．北京：中国农业出版社，2002．

[10] 潘全祥．怎样当好资料员［M］．北京：中国建筑工业出版社，2002．

[11] 周无极，刘福臣．工程资料整理［M］北京：中国水利水电出版社，2007．